悦 读 阅 美 · 生 活 更 美

女性生活时尚阅读品牌

☐ 宁静　☐ 丰富　☐ 独立　☐ 光彩照人　☐ 慢养育

五十芳龄，精彩由我

徐徐——著

漓江出版社
桂林

即将迈入或者已经迈入 50 岁门槛的姐妹们，

让我们一起做一次旅行，去发现新的自己，

去发现新的世界，去发现新的可能。

目录

Contents

001 / **序幕：芳龄半百的你，准备好了吗？**

Part 1 更年期后，更女人

008 / 别了，“大姨妈”！

016 / 50岁后，我又生了三个“孩子”

025 / 我爱这妩媚妖娆的好年华

035 / 作业写完了，假期还很长

042 / 读书时间：我们是女人，用不着像女人——读西蒙娜·波伏娃的《第二性》

目录

Contents

心自在，
身无恙

054 / 身体知道答案
062 / 你的情绪，也许郁结在乳腺上
076 / 活得太沉重，心脏怎么受得了
087 / 中年抑郁，“忍得太久”综合征
100 / 睡不着的时候，你在想什么?
110 / 中年减肥，从“心”开始

122 / 读书时间：用成长和意志代替衰老——读《更年期的智慧》

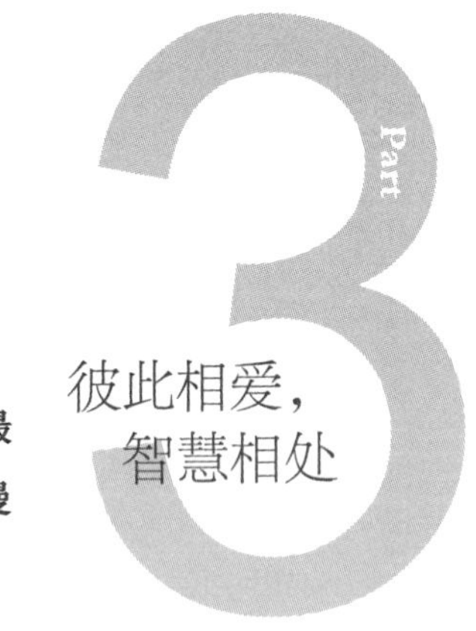

彼此相爱，
智慧相处

134 / 过好婚姻下半场
144 / 厘清和父母的关系
157 / 从儿女的生命中得体地退出
166 / 婆媳不必亲如母女
172 / 帮儿女带娃的快乐攻略

180 / 读书时间：感觉被爱是人类最重要的情绪需求——读查普曼博士的《爱的五种语言》

Part 4 觉醒，是为了和解

192 / 绝经之日，开悟之时
201 / 历史可以“改写”
212 / 不想做“天使”，就不会变“魔鬼”
223 / 不强求的智慧
234 / 心想才能事成
244 / 婚姻不是幸福的唯一来源

253 / 读书时间：心智不成熟，是对生命最大的浪费——读《少有人走的路》

Part 5 幸福美丽下半场

266 / 迎接第二个 25 岁
276 / 找个“情人”吧！
287 / 享受食色之乐
295 / 阅读“越”美
304 / 女人要有女朋友
316 / 寻找你的女性榜样

326 / 读书时间：成为什么，你自己决定——读米歇尔·奥巴马的《成为》

335 / **后记**

目录 Contents

序幕

芳龄半百的你，准备好了吗？

一过三十，我就特别“讨厌”一个成语——“徐娘半老”。半老就半老，你扯我们姓徐的干啥？其实，人家后面那半句也算夸奖——风韵犹存。

20 多岁的时候，不恐病、不怕死，但是恐老、怕老，总觉得女人过了三十就青春不再，四十肯定沧桑憔悴，五十以后，那还不变成满脸皱纹、身材走样的老太太？太可怕了！

对衰老的恐惧甚至让有些年轻女孩胡思乱想，宁愿在灿烂美丽之后早早死去，以避免面对一天天变老变丑的尴尬和无奈。

我在年轻时也闪过这样幼稚的念头。

如今，30 岁、40 岁都成了过往岁月，我已经年过半百五十挂零，却对自己的身体、容貌、心理状态前所未有地感到满意，我比 30 岁、40 岁，甚至 20 岁时，更快乐，更自在，更知道自己要什么，也更会处理和他人、和世界的关系。

说好的更年期的痛苦和煎熬呢？说好的老之将至的恐惧和担忧呢？说好的韶华逝去的伤感和不甘呢？你们和我打了个照面就跑了吗？还以为要和我纠缠好久呢！

我庆幸地意识到，我之所以没有让年轻时对于中老年生活的悲哀想象变成现实，是因为，我把恐惧变成了觉醒和改变的力量。

如果我告诉你，我是从 38 岁开始为年老做准备，你会不会感到吃惊呢？而事实的确如此。

38 岁的我，已经有了 50 岁女人的体态、外貌甚至心态，不到一米六的身高，超过 150 斤的体重，那个时候，我对未来的预测是悲哀的，按照当时的生命状态，我可以看到我四五十岁的光景，更臃肿，更衰老，更憔悴，更爱抱怨，更讨厌自己。

我被这个预测吓坏了，消沉了一段时间后，我尝试改变。

两年后的 40 岁，我的变化就被身边熟悉的亲人朋友看到了，他们的积极反馈让我更坚定地去施行自己的改变计划。就这样，一晃十几年过去了，我活成了我想要的样子，从里到外。

40 多岁时，和以前公司的一个同事重逢，比我小十几岁的她，见到减肥 50 斤昂扬自信的我，几乎没认出来，她说：“徐老师，你比 10 年前年轻了 10 岁！”

她的话让我开心，也让我思索，之前我对年长和衰老的捆绑想象，其实是绝大多数女性的自我设限？甚至，我们对年长和疾病、年长和无聊、年长和痛苦，都在潜意识里进行了捆绑想象，这样的想象不仅让我们恐老、怕老，不能在青春尚在时好好地享受年轻的岁月，也让我们在年岁增大时，被这样的想象限制了思索和探寻更多可能的信心和行为。

我在更年期到来之前的觉醒，以及在更年期到来之后的大胆实践，让我不仅对自己50岁的状态喜出望外，也让我对60岁、70 岁甚至 80 岁的想象都不再灰暗、悲观，我甚至这样想象 20 年后的我：一头修剪得体的白色短发，一身热辣鲜艳的红裙子，涂着最流行颜色的唇膏，戴着夸张的耳环，在海边度假，在古城徜徉，看着来来往往的年轻面孔，欣赏却不羡慕，因为，我知道：“你们经历的，我都经历过；我经历过的，你们还没有经历呢！”那种不为外人所知的得意和自豪，让我长满皱纹的脸上泛出迷人的光彩……

2020 年之后的 10 年，70 后的“小妹妹”将陆续进入半百家族，作为年长你们几岁的“小姐姐”，我首先要说，欢迎你们来到一个美妙的世界！这是一个崭新的世界，它的名字叫“人生下半场”，很多东西对你们以及对我来说，都是未知的，需要我们一起去探索、了解、发现，我比你们早来几年，可以做你们的向导，做你们的陪游，我会告诉你们我走过的弯路，我遇到过的挑战，也会和你们分享我的经验，还会向你们透露我战胜困难的方法甚至秘籍。

男人和女人不同，男人似乎没有那么怕老，他们甚至觉得年龄会增加他们的魅力，所以，只有女人才能理解其他女人对于更年期的困惑，对于容颜衰老的抗拒，对于孩子长大后的失落，对于中年婚姻的挣扎，以及对于身心健康的担忧。

我，作为一个女性的心理咨询师，一个多年讲授女性成长课程的培训师，一个经历过你们正在经历或将要经历的挑战的同龄人，愿意做大家贴心的姐妹，知心的陪伴者，以及专业的开导者。

2017 年 11 月，我过 50 岁生日那天，正好在摩洛哥的蓝色古城舍夫沙万度假，在那天发的微信朋友圈相册里，我配了几个字“喜迎半百芳龄”，引来闺密们的一片叫好。是啊，谁说芳龄只能是十八、二十，半百也是芳龄啊！按现在科学家的推测，目前 40 岁的人，50% 都能活到 95 岁以上，50 岁的人，活到 90 岁也是 so easy；而且，现在的女性，绝大部分在 50 岁时仍然头脑灵活、行动敏捷，学习能力甚至比年轻时还要强，怎么就不能把半百称作“芳龄”了？

把半百称作“芳龄”，是积极的心理暗示，也是在长寿时代对于年龄认知的恰当调整。即将迈入或者已经迈入 50 岁门槛的姐妹们，让我们一起做一次旅行，去发现新的自己，去发现新的世界，去发现新的可能。

我准备好了，你们准备好了吗？

Part 1

更年期后，更女人

很多女人谈“更”色变，总觉得更年期一到，脸就黄了，皱纹白发再也遮不住了，身体也不行了，人生将会全方位垮掉；有些女性甚至更悲观地认为：更年期绝经之后，女性的性别特征不明显了，就不再是全然的女人了。

女人不是被年龄定义的，女人不是被生育能力定义的，女人也不是被头发的颜色和皮肤的质感定义的，女人更不是被男人以及社会对女性的刻板印象定义的。

成为怎样的女人，除了我们自己，谁说了也不算。

我们是女人，无论温婉内敛，还是豪爽开朗，都是女人，哪有什么“像女人”和“不像女人”，那不过是别人想给我们贴的标签而已。

就像初潮来临意味着青春期的到来一样，更年期的到来，只不过标志着我们进入了人生的新阶段，身体和内心都会发生变化，需要我们妥善应对。

如果，女性可以摒弃那些世俗的无知和偏见，不对更年期进行灰暗阴郁的联想，拿出对待初潮的喜悦来迎接更年期的到来，你会发现，事情没有你想象的那么糟，更年期之后的美好，你还没体验到，干吗要预支烦恼？

女人什么时候最美？女人认识自己的时候最美。

更年期是造物主为女性提供的一次机会，让我们在走过人生一半岁月的时候，暂停一下，带着思索回溯过往，带着觉醒继续向前。

更年期之后的人生是用来享受的，不是用来抱怨的。

别了，“大姨妈”！

人生很多时候就是这样，离别之前并无预告，但正是一次次的离别串起了我们的生命。

我有个外甥女叫紫菜，紫菜小的时候，总爱叫我“大姨妈”，我不得不让她改口：“叫大姨就行，你的‘大姨妈’不是我。”她问：“我的大姨妈是谁？”我说：“她来了你就知道了。”小紫菜开始盼着见到这个神秘的“大姨妈”，直到她长大了，进入青春期，她的“大姨妈”每月“拜访”她。

我 20 多岁时，月经的俗名是“例假”，来“例假”的女生可以免上体育课，缺乏生理卫生常识的小男生羡慕女生的特权，和体育老师嚷嚷“我也肚子疼，不能跑八百米”，结果把其他人笑喷。

当年女生们害羞，说“来例假”都觉得难为情，一般是配合面部表情，扭扭捏捏地说“我来那个了”，听的人都懂。

上大学时，我的女同学们不说“例假”，也不说“那个”，而是说“我倒霉了”。谁最先开始这么说的，无据可考，女生们不约而同地用“倒霉”来形容月事，可见大家潜意识里都把它看作一件不好的事。

欠“大姨妈”一个感谢

后来，“大姨妈”被当作月经的代名词开始流行，女生男生都懂。关于它的来历，有两个说法：一个是说古时女子月经来潮时，因为知识缺乏，不敢随意走动，每逢闺友相邀，又不好实情相告，便谎称“姨妈”来了，以此来拒绝出门；另一个说法是，这个词来源于英语俚语“aunt Flo”，它看起来是“aunt Florence”（弗洛伦斯姨妈）的简写，实际上 Flo 就是 Flow（流），以此暗指女性的月事。

不管“大姨妈”这个说法的出处是哪里，这个改变很有意义，它比“例假”轻松诙谐，更没有“倒霉”那么灰暗和负面，“大姨妈”能成为民间流行的对月事的代称，说明时代进步了，女孩子对这个正常生理现象的看法更积极更乐观了。

前几天，我收拾卫生间的柜子，发现在一个抽屉的角落里藏着几包未开封的卫生巾。我不记得最后一次买卫生巾是什么时候，但我可以确定，当时我一定是像往常一样，慢悠悠地从超市的货架上，把好几包卫生巾放在了我的购物车里，然后和洗发水护发素洁面乳等日化用品一起结账，那一天，根本不可能意识到，那是我最后一次买卫生巾。我当时肯定是想着多买几包，放在家里慢慢用，用完还要买呢！没想到，根本没用完，而且，这辈子再也不需要用它了。

想当年，“大姨妈”每月按时到访的时候，根本没想过有一天她会离我而去，和她相处时，既没有珍惜，也没有感谢。青春期时，我嫌弃过“大姨妈”妨碍我春游、运动、游泳；结婚后，又担心“大姨妈”不准时影响怀孕；40 多岁时，为“大姨妈”的来去无规律而责怪过“她”。

50 岁那年，“她”离开三个月后，我才赫然发现，“她”这一走，就不会再回来了。短暂的轻松后，是淡淡的遗憾，不是遗憾“她”走，而是遗憾“她”在的时候，没有珍惜这个“朋友”。

现在回想起来，几十年的相处中，我对我的“大姨妈”心怀愧疚，欠“她”一句感谢。

正在看这篇文章的姐妹，不知道你的“大姨妈”走了没有。如果没走，别盼着“她”走，要珍惜“她”还会定期“拜访”你的时光；“大姨妈”已经走了的，请像我一样在心里对“她”说一句感谢吧！

离别是信使在传话

调查结果显示，中国女性绝经年龄在 40—55 岁，平均年龄为 49.5 岁。绝经意味着卵巢和子宫的功能衰退，雌激素分泌减少，会加速身体的衰老，机能的退化；当然，绝经也意味着失去了生育能力。

“大姨妈”来，标志着青春期的开始；“大姨妈”走，标志着更年期的到来。“她”来“她”走，都是生命的规律，谁也无法改变，只不过，50 岁左右的女性应该做好准备，在告别“大姨妈”之后，开始进入生命的新阶段。

和“大姨妈”离别前后，女性的身体、心理会发生很多变化，对这些变化准备不足,应对不良,会让女性陷入长久的苦痛之中。除了潮热、失眠、情绪起伏等身体症状之外，她们还会感觉到一种前所未有的孤独，感觉自己不被理解，总有一股无名火，亲近的人觉得她们变了，其实，她们自己也有点不认识自己了。

这些经历，我都有过，我也曾陷入那种所谓的“更年期幽暗”之中，对未来充满悲观的展望，只不过，我很快就调整了自己，适应了新的变化，身心重新舒展。

如今，虽然我也会偶尔怀念“大姨妈”还在的年轻时光，但我更享受此时此刻我所在的这个当下。

和“大姨妈”离别后，无论你多么怀念“她”，“她”也不会回来了，这真让人惆怅，就像生命中的每一次离别带给我们的诸多惆怅一样，这种感觉是在提醒我们，要珍惜眼前，珍惜现在还拥有的一切。

人生很多时候就是这样，离别之前并无预告，但正是一次次的离别串起了我们的生命。

经历了韶华逝去、儿女离家的我们，在年过半百之后，离别似乎变得更多了。我们不仅早就离别了青春年华，也离别了儿女绕膝的美好时光，还要经历和父母离别，和工作离别，甚至和相伴几十年的伴侣离别。

最近几年，我不止一次听闻同龄老友的辞世噩耗，伤感之余，竟然想通了，每一个人，终将会离别这个世界，不管你现在是芳龄二八还是芳龄半百。在最后的离别之前，所有这些我们并不情愿的离别是伟大的信使，一次次地在提醒我们，生命是一段旅程，我们是这个世界的旅居者，要好好珍惜、享受我们还拥有的，这样才不会辜负剩下的时光。

想通之后，真是吃嘛嘛香，看什么都顺眼了。老公，虽然永远不会主动说“我爱你”，但我们一起生活了 20 多年竟然还能相看两不厌，也算人生幸事，而且，他早餐为我做的馅饼可真香啊！儿子,虽然对他女朋友的依恋远远大于对我的关心，但是，在他成家立户之前，我们还能在一起吃好多好多顿晚饭，他偶尔陪着我喝酒聊天的时候，也真暖心呢！

珍惜尚未离去的一切

中年之后，我不仅比年轻时更珍惜家人，更珍惜朋友，也比年轻时更喜欢自己。

我曾经对染发这件事充满不得已而为之的懊恼，我的头发虽然很浓密，但是白得早，也白得多，遗传了我父母，每次染发前，看着新长出的一茬扎眼的白发，我都会在心里叹一口气。有一天,在发廊里向洗头小妹抱怨白发太多不得不经常染发时，小妹说:“姐,你别不知足啦！有些大姐上了年纪之后头发变少，必须经常烫发，不然就遮不住头皮，你虽然有白发，可咱头发又多又密啊，比起人家，染发算啥事啊？再说了，染成时尚的颜色看起来更年轻呢！”

从那次之后，我不再抱怨染发的麻烦，还经常“自恋”地照着镜子对我先生说：“你看你看，我头发好浓好密啊，摸起来手感多顺滑！”我先生因为谢顶，早早就剃了光头，听我这么一嘚瑟，立即“回怼”我：“你差不多得了，自己吃好吃的千万别吧唧嘴。”说完和我一起哈哈大笑。

生活不就是这样吗？只要你学会调整眼光，就会发现，你失去的肯定不如拥有的多。在人生的下半场，我们当然知道，我们终将会失去所有，但是，我们唯一能做的就是在还拥有这一切时，不辜负它们。

外甥女小紫菜在我不允许她叫我“大姨妈”之后，一直叫我“大姨”，我先生自然就是“大姨夫”。我停经半年之后，基本确定这事已成定局，曾伤感地对我先生哀叹：“唉，这下我可是真老了，‘大姨妈’彻底走了，再也不会回来了。我老了以后你会不会嫌弃我啊？”我先生说：“‘大姨妈’走了，大姨夫还在啊！你不嫌弃你自己，谁敢嫌弃你？我更不敢了。”我被“大姨夫”逗笑了，同时，也觉得他说得对，我不嫌弃我自己，谁敢嫌弃我？

亲爱的姐妹，你也一样，别了“大姨妈”，照样做女人，女人的价值不等同于生育能力，女人的魅力也不等同于脸上的胶原蛋白，半百之后，女人眼睛里洋溢出的对生命的热爱，头脑里蕴藏着的丰富的人生智慧，开口说出的温暖有趣的话语，都会让她们具备比年轻时毫不逊色的女性魅力。

只是，我们要再一次爱上自己。

50 岁后，
我又生了三个“孩子”

对于花开花落的自然规律，除了接受似乎别无他法，但是，女性可以有不同的选择，更主动更积极的选择，只要你愿意。

2017 年 1 月，我的“大姨妈”没来，左等右等直到三个月后，我不得不接受这个现实，“她”不会回来了，永远都不会回来了，心里轻轻叹了口气：“唉，我不能生孩子了。”

人的心理其实是很奇怪的，我儿子出生后的 20 多年，我从来没有一秒钟想要再生一个孩子，对是否还有能力生孩子这件事根本不在意，但是，真正失去生育能力的时候，内心还是咯噔了一下。

能生我可以不生，不能生则意味着失去了自主权。那一刻，我理解为什么有些女人会选择“冷冻卵子”了，也许她们这辈子都不一定会使用那些卵子，但她们就是要借助现代科技把生育的主动权保留在自己手里。

“大姨妈”走后，我为自己失去生育能力感到难过，心情时不时要低落一下，这很好理解，但可笑的是，我竟然在那段时间疯狂地“嫉妒”我先生：“他凭什么还能生？男人的生育能力凭什么比女人长很多年？”想着想着就冒出了一个可怕的念头，我不能生了，他还能生，那他要和谁生啊？这么一想，情绪一下子激动起来，虽然理智上知道自己是无理取闹，但就是忍不住胡乱找碴和他发脾气，把他搞得莫名其妙。

弥补内心的丧失感

安静下来，我觉得自己很荒唐，不可理喻。

但我不想就这样什么都不干，坐等更年期的潮水用一两年甚至三五年的时间，从波涛汹涌变得风平浪静，在这个生命的新阶段，我可以做些什么来弥补内心强烈的丧失感呢？

再生个“孩子”吧！

第一本书就是在这样的心境下写出来的，漓江出版社副总编辑符红霞女士和图书策划人易虹女士对我的书稿给予了肯定和鼓励，让我的这个“孩子”生得特别顺利。

这本书是关于心理减肥的，书名是《我减掉了五十斤！——心理咨询师亲身实践的心理减肥法》，在 2017 年秋天出版发行了。

第二年，我又写了《管孩子不如懂孩子——心理咨询师的育儿笔记》；第三年，出版了《嫁人不能靠运气——好女孩的 24 堂恋爱成长课》。

50 岁之后，我以每年一本书的速度，连续出了三本书，这三本书就像我孕育出来的三个“孩子”，极大地弥补了我的丧失感。

写第一本书的时候，我儿子远赴美国读大学，埋头写作的日子忙碌而充实，因而没有感受到孩子离家后的空虚和清冷，他忙他的，我忙我的。现在他大学毕业了，收获了学业的成果，我在这几年也重新尝到了创造、孕育的快乐。

不要抱怨男人不懂女人，有时候，我们也不懂自己。

很多这个年龄的女性，没有能力识别自己的情绪：不开心的时候，不知道为什么不开心；恐惧的时候，不知道为什么恐惧；愤怒的时候，也不知道愤怒后面藏着什么。她们能看到生活中惹恼她们的大小烦心事，却没有察觉内心的丧失感才是让她们性情大变、情绪起伏的心理根源。

对于花开花落的自然规律，除了接受似乎别无他法，但是，女性可以有不同的选择，更主动更积极的选择，只要你愿意。

经历就是礼物

我选择写书，是兴趣所在，也是多年积累之后的表达，更是在生命转折点的一次觉醒。

我决定写第一本书时，并没有想好要写一本什么样的书，只是有个强烈的念头，要给这个世界留下点什么，要对自己的半百人生做个总结。

在思考中我问自己：“这 50 年你觉得自己做过的最值得吹牛的事是什么？”我觉得，最让我自豪的既不是事业上还不错的成绩，也不是婚姻家庭的幸福美满，而是我的减肥经历。

这件事之所以让我自豪，是因为我在中年之后，靠自己的努力，打开了心结，和自己一步步地实现了和解，并且，在这个过程中，体重从 150 斤减到了 100 斤，从一个体态臃肿、自怨自艾的中年怨妇变成了一个苗条轻盈、乐观昂扬的快乐女人。

于是，对这段经历的挖掘、回顾、探索，让我在两三个月的时间里沉浸在写作的兴奋中。那段时间，根本没有考虑是否有出版社愿意接受我的书稿，只是一门心思地迷上了书写，沉醉于那种把人生经历和诸般感受都记录和抒发出来的畅快之中。

写作的过程中，我才真正爱上了我的年龄，爱上了我所经历过的所有岁月，包括那些我曾经不愿意回忆，也不敢去面对的痛苦时日。我清楚地意识到，没有这些经历，我不可能是现在的我。

谁说人到中年之后只有一次次失去，这些丰富的人生经历不就是岁月给我们的礼物吗？这些味道醇厚的生命果实，在更年轻的时候是吃不到的。

写完第一本书之后，我的写作热情被激发了出来，于是，我又写了关于亲子教育和恋爱成长的两本书。在后两本书的写作中，我更加觉得，我要感恩每一段人生经历。没有年龄带来的阅历，没有时间积累带来的思考，对于亲子教育和恋爱成长，我不可能有那么多的话要说，不可能有那么多的经验想要和大家分享。这几本书完全是我的人生经历赐给我的。

丧失感之所以带来恐惧，是因为我们错误地放大了年长之后的失去，低估了年龄的增加也会带来得天独厚的收获，只见所失，未见所得。

所以，50+ 的女性在察觉并体验了更年期带来的丧失感之后，就该“擦干眼泪”扭转眼光，看看岁月除了拿走我们青春的面庞和年轻的身体，还给我们留下了什么礼物，然后，按照自己的志向和兴趣，思考一下，用这些礼物可以让今后的生命发生怎样的改变。

给出去，更快乐

面对孩子长大离开后空荡荡的家，以及镜子里韶华逝去的脸，特别是经历过绝经这样标志着衰老的事件之后，女性体会到的那种丧失感和孤独感，需要我们好好应对。

跳广场舞当然可以是一个选择，随着音乐舞动身躯可以舒缓压力、愉悦身心，和众人一起跳舞也会增加归属感，减少孤独感；只是，那不应该是唯一的选择，如果不想加入“广场舞大妈”的部落，是不是就只能靠时间来治愈女性更年期的各种不舒服、不自在？

当然不是。

我觉得，中年女性最先要做的是对丧失感的认知，要让自己的“无名火”变成可以描述、分享的具体清晰的感受，不仅要带着觉知心去体验这种新鲜而陌生的感受，也要勇于去面对、承认这样的感受，这比一头扎入广场舞大军更有难度，却是对女人来说更有成长价值的应对方式。

察觉之后，要学着找到一种方式或一个行动，去弥补丧失感。

我的朋友明轩，52 岁，个性内向拘谨，一直在政府机关做公务员，这几年迷上了烘焙，进而发现了自己在这方面独特的才能，她做的面包、蛋糕造型漂亮，口味惊艳。因为这个“才艺”，她被许多老朋友惊叹“深藏不露”，丈夫也对她刮目相看，女儿甚至鼓励她退休后开个“明轩面包坊”。

明轩告诉我，做烘焙让她的内心有了安放的地方，更年期后的烦躁失眠都有了极大的改善。她说："看着面粉变成面团，再变成漂亮的面包、蛋糕，我觉得自己创造出了不一样的东西，很了不起。"

另一个朋友阿梅，在她退休前，我有点担心她，因为她是个喜欢活在人群里的热闹人，在单位很活跃，也很受欢迎，一旦退休回到家，她会格外寂寞吧？没想到，因为喜欢摄影，阿梅退休后有大把的时间沉浸在自己的爱好里，她不仅经常去公园、街巷拍照，还自告奋勇地在朋友搞各种活动时担当摄影师，因此结识了更多的朋友。她告诉我："把花拍好看，把人拍好看，都会让我特别开心。"

对于中年女性来说，弥补丧失感的最好方法不是去向外界"要"什么，而是把自己"给"出去。

有的女性可能会说，我什么都没有，拿什么给？

你有，只是你不知道。

就像我写第一本书之前，根本不知道青春期的痛苦经历是我可以给出去的东西，也不知道 6 年多的减肥经历，也是我可以给出去的。开始写那本书之后，一直鼓舞我写下去的是这样一个假想：一定有人正在被类似的经历折磨，把我的故事告诉这些人，他们就会更有勇气走出来，也会借着减肥找到自己。

后来，这本书的热销应验了我的假想，的确有很多人需要听到我的故事，我给出去的，他们接收到了。

什么是你可以给出去的呢？

只要你对这个世界有爱，对他人有关怀，你就可以用你的兴趣去寻找，那些让你觉得“这才是我”的事情，就是你应该着手去做的。

用书写的方式向大家讲故事，帮助别人战胜挑战、实现成长，让我觉得“这才是我”；把平淡无奇的面粉变成好看又美味的面包，慰劳和滋养家人和朋友，让明轩觉得“这才是我”；用相机记录下生活的美好，用摄影作品表达对世界和他人的喜爱，让阿梅觉得“这才是我”……尽管，让每个人觉得“这才是我”的方式不尽相同，但是，当我们用独有的“这才是我”的方式做出“给”的行动，就会帮助我们驱走丧失感，体验收获感。

《圣经》上的那句话很有道理：“施比受更为有福。”

我爱这
妩媚妖娆的好年华

这个阶段的妩媚妖娆不再是求偶期的“女为悦己者容”，而是先“自娱”再“悦人”，这样的心态让我比青春期时更能体会生而为女人的快乐。

年轻的时候，我穿衣服灰扑扑的，衣柜里暗压压一片，黑色、咖啡色、深蓝色居多，和时代有关，也和心态有关。

那个年代，带有强烈性别色彩的服饰打扮，会让女性感到不安全，也会影响他人对你的评价；特别是职业女性，谁也不希望让别人觉得你是想靠性别特点谋取利益。所以，中性的打扮可以减少许多误会。

翻看我本该靓丽多彩的青春相册，真的好难过，发型老气，服装土气，拍照的姿势都那么傻气；再看我 30 多岁快 40 岁时的照片，虽然社会进步了，服装款式新潮了许多，但是身材又走样了，胖墩墩圆滚滚，穿什么都没气质，一身浓浓的“大妈”气。

也许，逝去的年华并没有那么光鲜，是我们在记忆中给它偷偷加了滤镜，做了美图。至少对我来说是这样。

人到中年，对有些人可能是人生从彩色到黑白的转折期，我却开始用各种明亮鲜艳的色彩装扮自己，这和时代有关，更和心态有关。当我意识到年龄只不过是一个数字，并不能决定我如何做自己时，我的人生就像我的衣柜一样开始变得多姿多彩。

现在，陌生人打开我的衣柜，会猜不出主人的年龄，那些漂亮的长裙短裙，活泼的小吊带，时尚的 T 恤，胸前带着卡通图案的鲜艳帽衫，不是我青春期的纪念品，而是我中年之后才购置的，穿着它们，我重新定义自己。

推开那扇门

还记得第一次买“不像我的”衣服，是在北京王府井的东方广场。

那时我刚过四十，新年快到了，本来是准备买几件“很像我的”衣服，看着那一排排款式端庄的上衣，颜色稳重的羊毛衫，我心里突然闪过一个念头：“这些衣服，我到70岁时再穿也来得及啊！现在应该穿点别的。”于是，果断扭身去了一家面向年轻人的服装品牌店。

我买了一件粉蓝色胸前带字母的拉链毛衣，回家后，我先生看到了，很随意地问：“哦，给小紫菜买的？”我外甥女小紫菜当时上中学，这毛衣看起来的确像她的。我说：“给我自己买的。”我先生愣住了：“你能穿这个？”我反问他：“怎么不能？”他看出我恼了，找补了一句：“我是说大小合适吗？这衣服看起来挺瘦的。”我故意冷冷地回答他：“我肯定是试过的，不合身就不会买！”

当时我减肥取得了初步成功，从150斤减到了120多斤，刚刚能够穿上这个年轻品牌的最大码。

我当然不会怪我先生，结婚十几年他习惯了我的“老气”服装，一时半会儿适应不了也是正常的，我自己也在慢慢适应呢！

那件毛衣上身效果很好，和朋友们见面，她们虽没有夸毛衣好看，但是，都夸我精神、年轻，没有出现预想中“装嫩”后“翻车”的场面。

后来回想，那件粉蓝色的拉链毛衣就是我的“魔法衣”，从穿上它开始，我就变了。

以往我常穿驼色、灰色的套头羊毛衫，这件拉链毛衣是粉蓝色，似乎更衬我的脸色，显得我年轻，但是，它的意义不止于此。之前，在我和另一个世界之间，有一扇隐形的门，我以为那扇门后面的一切，早就不属于我了，我应该乖乖地待在门的这边，穿我这个年龄“应该”穿的颜色和款式，任何试图僭越的想法都是不合时宜的；而这件神奇的“魔法衣”，竟然牵着我的手，推开了这扇门，让我发现，这个世界如此诱人，而它，完全也可以属于我啊！

值得好好被照顾

从那以后，我的服装色彩变得明亮，服装款式越来越时尚，随之而来的是，初入中年的沮丧渐渐消失，自信心得到了增强。对于未来的任何设想，我都会在心里这样鼓励自己：“有什么不可以？看看你现在穿的衣服，以前连想都不敢想，所以，最关键的是敢于尝试。”

打破服装的自我设限，让我的减肥动力更强，我既然能穿年轻的品牌，就能迎接超越自己的挑战。几年后，我减到了 100 斤，能穿的“小女孩”牌子比以前更多了。

中年之前，不仅工作繁忙，还要抚养孩子、照顾老人，让我觉得自己最不重要，所以，在事业蒸蒸日上、孩子健康成长、父母公婆乐享晚年的成功画面背后，是活得灰头土脸的自己，灰暗的衣服包裹着“压力肥”的臃肿身材，缺乏保养的脸上透着一股阴沉。我并不是甘愿那样，而是不知道还有别的选择。

中年之后仅仅在服装上尝试了新的可能，就让我渐渐明白，这条路更宽广，更通畅，值得我去探索，甚至，去冒险。

我年轻时候没打过耳洞，所以，几乎没戴过耳环耳坠耳钉之类的饰品，当时也没什么心思在这样的细节上关照自己。42 岁生日那天，拉着老公陪我去了王府井的四联美发厅，去打了耳洞，自那以后，我就变成了耳环爱好者，我的耳饰虽然“真金白银”的不多，但胜在款式多、数量多，有工作场合佩戴的端庄职业范儿，有适合逛街吃饭戴的休闲随意款，还有出门旅游才会佩戴的夸张艳丽大耳环。别看只是不足挂齿的小饰品，它让我觉得再也不是那个凑合将就的自己。

我不敢说戴了耳环我就变得更漂亮了，但我敢肯定，每次出门前挑耳环时，我都是喜悦的，像小女孩在五颜六色的糖罐里挑糖吃。那一刻，我享受着宠爱自己的快乐。

后来，在我的外甥女小紫菜的建议下，我开始每个月做美甲，豆沙色、姜糖色是我的最爱，也尝试过湖蓝色和墨绿色。美甲之后发现，护手霜用得更勤了，因为，你会忍不住伸出手来自我欣赏，然后，就会想把它们保养得更漂亮。

有时候，年龄相仿的女性会问我："你是不是在家什么活都不干，不然，怎么会有这么漂亮的指甲？"我只好实话实说："亲，我在家一天做三顿饭，还要洗碗收拾家，但这并不妨碍我有漂亮的指甲。"

我懂她们的意思，她们觉得这样的指甲虽然漂亮，但不实用，不是"劳动妇女"，特别是中年"劳动妇女"应该有的。之前，我被这样的偏见耽误了好多年，幸亏小紫菜开导我："大姨，你就试一次，能咋样？"这一试，让我的双手"颜值"提高了好几度。

最关键的，无论是戴耳环还是做美甲，这样的尝试带给我积极的心理暗示，让我觉得自己值得被好好照顾，让我觉得人到中年的自己仍然可以“很女人”，仍然有妩媚妖娆的权利。

享受中年女人的福利

我总想和同龄的姐妹们说这样的话：年轻时，时代没有给我们太多的机会展现自己女性的美；结婚有孩子以后，生活的压力又让我们最先舍弃了自己，舍弃了让自己美丽的权利；人到中年之后，难道还要被陈旧固化的思维限制，在下半辈子混沌地、灰暗地做女人吗？

要知道，任何年龄段的女人都有独特的美，任何年龄段的女性都有权利活出自己的色彩，自己的光彩。

很多人都看过在微信朋友圈刷屏的一篇文章，说的是法国女人老了以后如何生活，里面有大量的图片，向我们展示了那些年老的法国女人是多么新潮、艳丽、时尚，白发上戴着彩色的发箍，长满皱纹的脸上自信地涂着浓烈的口红，毛衣，长裙，皮衣，长靴，短靴，高跟鞋，blingbling的小包包，造型夸张的大包包，不仅冲击着我们的眼睛，更冲击着我们的审美接受度。

“这把年纪了，怎么可以这样？”

“好像，也没什么不可以吧？”

“真漂亮，原来，老了也可以很美啊！”

好多人对“漂亮的外国老太太”的看法经历过以上三步转变，这是时代的进步，也是我们这代 50+ 女人要好好把握的机会，60 后、70 后的我们，终于有机会可以为自己打扮，为自己精彩地活着，再不珍惜就真的错过了。

有人问我，最喜欢自己的哪个年龄，我说，四十以后。

年轻时，不懂自己，不爱自己。中年以后，突然发现：与其等别人照顾我，不如自己照顾自己；与其等别人宠我，不如自己宠自己。

而且，过了五十以后，工作和事业不再是快马加鞭，养育孩子的任务已经基本完成，剩下的时光真应该好好为自己而活。

所以，我真的是喜欢现在的自己，也爱上了如今来之不易的好年华。这个阶段的妩媚妖娆不再是求偶期的“女为悦己者容”，而是先“自娱”再“悦人”。这样的心态让我比青春期时更能体会身为女人的快乐。

50+ 的女人不要哀叹青春不再，其实，不同年龄的女人有不同的福利。妙龄少女，有任性甚至无知的特权；嫁人生子，可以享受高浓度的亲子时光；年过半百，在岁月的这一站，有了之前所没有的“责任豁免权”。这就是我们这个年龄女人的福利啊！只要你不逼自己，没人能把你咋地，还没看明白吗？

我看明白了，于是，一身轻松。儿子大学已经毕业，他以后的人生他自己走，我就不多操心了；公公婆婆和母亲大人都已七老八十，把赡养责任尽到，就不必再勉强自己像年轻时那样，对他们做到“随叫随到”“有求必应”吧？想想自己的年龄，就不会再把“一定要让老人孩子都满意”当成人生的奋斗目标了。

豁免责任之后，余下的时间才能给自己。

很多年前，我办过一张美容卡，经常是面膜刚刚糊到脸上，手机就响了。来电话的，有时是孩子的老师，有时是公司的同事，有时是父母公婆。总之，本想躺在美容床上享受片刻闲暇，结果却是心急火燎地催人家美容师“快点快点，差不多就行了”，之后，再也不想办卡了，省得受那份罪。

终于熬到了现在，我去做美甲、美容时，会索性把手机关掉，能有什么事啊？即使有人要找我，就让他们等等呗。半辈子都过来了，终于看清没什么事是非我不可的，也终于有勇气坦然拒绝别人，终于到了敢把时间用在自己身上的时候了。

儿孙自有儿孙福，父母自有父母命。想通这一点，妩媚妖娆的半百人生才会像一幅美丽恢宏的画卷，徐徐向你打开。

作业写完了，**假期还很长**

50+ 的女性需要更新自己脑海里的过时观念，不要对“更年期”“绝经”等字眼做过度解读，要在这个前所未有的长寿时代对未来有合理的期待，有积极的安排。

有本书很值得中年人士一看，它是英国伦敦商学院管理学教授琳达·格拉顿和经济学教授安德鲁·斯科特所著的《百岁人生》。书里的这段话大家了解一下：“在过去 200 年中，预期寿命一直稳步上升，每 10 年增加 2 岁以上。这意味着，如果你现在 20 岁，那么你有 50% 的概率活到 100 岁以上；如果你现在 40 岁，你有 50% 的概率活到 95 岁；如果你现在 60 岁，你有 50% 的概率活到 90 岁或 90 岁以上。”

看完之后什么感觉？是不是和自己的年龄对照了一下，大概算出了自己的预期寿命？惊喜吗？意外吗？

反正我当时看了这个预测，挺开心的，再结合身边的现实情况，未来的确很乐观。比如，我外祖父已经年过九十，公婆也都 80 多岁，他们目前身体健康，生活自理，安详自在地享受着晚年生活。

如此看来，我们 50+ 的人，很大概率会活到 90 多岁，掐指一算，还有好几十年呢！有心理学家指出，人在潜意识里对自己寿命的预估会对他当下的生活态度产生重大影响，总觉得自己日薄西山的人，不仅心态更悲观，身体状况不好，也不愿意做长远规划，不喜欢自律，还会尤为排斥新鲜事物。他们心里有一句潜台词："唉，还能活几天啊？瞎折腾什么啊？就这么凑合着活吧！"

站在半百人生的关键节点，如果对自己的寿命能够做积极的预测，就会不知不觉调整心态，改变生活方式，为未来做美好的准备。毕竟，未来还有和前半生差不多长度的人生等着我们去体验、去享受呢！

50+ 的女性需要更新自己脑海里的过时观念，不要对"更年期”“绝经”等字眼做过度解读，要在这个前所未有的长寿时代对未来有合理的期待，有积极的安排。

不用羡慕年轻人

前几年去台湾旅游时，遇到一对退休的教授夫妇，那位王姓阿姨大我30岁，当年已经77岁高龄，一头银发，精干利索，不仅心态年轻，而且身体倍儿棒，一路上爬高下低，丝毫没有疲态和为难，让我大开眼界。

据王阿姨说，她每年都和老伴出国旅行一次至两次，并不需要儿女陪同。我希望自己30年后也可以有这样的人生，于是向她表达了羡慕和向往之情，王阿姨非常干脆地回答我：“你一定行，只要你想。”

如果没有结识充满朝气和活力的王阿姨，我对自己年近八旬时的生活肯定不敢如此想象，和王阿姨聊天，她的智慧和豁达让我印象深刻，她说：“退休后的生活才是真正人生的开始，以前都在尽责任，属于自己的选择很有限。”她拍了拍我的肩膀说：“不要羡慕年轻人，他们还有很多‘作业’要完成，你把儿子供完大学，‘作业’就写完了。”

她说得太对了，几年之后的现在，我儿子已经大学毕业，开始了自己的职业生涯，我的“作业”终于写完了，假期还很漫长，怎能不让我心花怒放？

这是小时候的我曾经体验过的美妙感觉。

当年，每逢放暑假，别的孩子都会先疯玩，快开学时才火急火燎地赶作业。我不那样，我喜欢先写作业，用一两周时间先把作业写完，然后，无比放松、无比自在地享受我的悠长假期。

虽然，人生的“作业”不能赶写，它有时间表，只能按部就班，但是，身处当代的我们，在“作业”写完之后，因为长寿时代的馈赠，假期被延长了，而且，这不是个别人的特权，是时代给大家的红利，难道不值得我们这些年过五十的人互相祝贺吗？

我们当然还有很多事要做，甚至仍然会很忙，但忙的意义不一样了。以前忙，是尽职责、完功课；现在忙，是出于兴趣爱好和自我提升的需要。

我这几年一直做婚姻和亲子方面的课程培训，再加上每年要出一本书，不能说不忙，但这种忙碌更像是小时候写完作业之后，忙着看武侠小说，忙着去游泳，忙着去学喜欢的乐器，内心的欢喜远远大于任务压身的紧张。

关于如何享受“作业”写完后的悠长假期，我的经验是：首先，不要自我设限，不要因为年龄而限制自己的渴望和兴趣，某件事如果不想做可以不做，绝不要因为年龄因素觉得不应该做而不做；其次，不要总想着这个年龄所失去的，而要珍惜这个年龄仍然拥有的，同时去寻找这个年龄可以获得的，甚至去发现只有这个年龄才独有的。

下半场的追求

我很喜欢这个观点，把漫长的人生分为上半场、下半场，它很有智慧，会启发不同年龄阶段的人制定相应的人生策略。

心理学家给出的建议是，上半场人生是在追求价值，下半场人生要追求意义，这样的人生才会是圆满的。

对于意义感的需求，年纪尚轻的人可能没有那么迫切，现实压力和家庭责任让他们必须先去追求价值的实现；而对于已进入下半场人生的我们来说，可以说是正逢其时，弥足珍贵。

我做过10年的报社记者，后来在商界打拼了十几年，40多岁转行做培训师，主要方向是和女性成长有关的系列课程培训，包括恋爱、婚姻、亲子、职场等，在这个新领域，我获得的意义感是当年回报丰厚的商界所没有给予我的。

如果人活80岁，40岁就是下半场的转折点，长寿时代人的寿命可能达到90岁、100岁，那45、50岁就是下半场的开端。年过半百的我们，妥妥地已经迈进了下半场人生，哀叹感慨不如欣然接受，让自己从对价值感的追求转向对意义感的寻觅和探索。

悲观的人总爱说“人生是苦旅”，我更愿意把人生比作假期，它是我们开启另一段未知行程之前的假期。这个假期的前半段，我们有许多“作业”要完成，不好好写“作业”，攒下的“债”以后也是要还的，所以，在人生的上半场去追求价值是明智的；但是，进入假期的后半段，在人生的下半场，“作业”基本写完了，还有大把时间可以探索世界，探索自我，那种如释重负的轻松，那种阅尽人间繁华事之后的洒脱，是属于50+的我们独有的享受。

辛劳已过，责任尽毕，离假期结束还遥遥无期，一想到这儿，我就会在心里对那些我喜欢的事大喊一声：宝贝，我来了！

读书时间

我们是女人，用不着像女人

——读西蒙娜·波伏娃的《第二性》

1984 年，我 17 岁，刚上大一，有男生向我示好："你有什么爱好啊？"我想了想，说："打羽毛球，下军棋，看小说，背英语单词。"他眼睛瞪大："你就没有一点女孩子的爱好？"我问："什么是女孩子的爱好？"他嘟嘟哝哝吐出几个词："织毛衣啊，做饭啊，唱歌跳舞什么的……"我在心里翻了他个大白眼："就这点觉悟还想追我？没门儿！"

两年之后的 1986 年 12 月，在法国已经问世 37 年的西蒙娜·波伏娃的《第二性》，以《第二性——女人》的书名首次在中国大陆出版。

《第二性》1949 年首次在法国出版，之后被翻译成多种文字，在很多国家出版发行，常常有人这样评价这本书：“这是有史以来，讨论女人的最健全、最理智、最有智慧的一本书，被尊为西方妇女的圣经。”

我上大四时，第一次看到这本书，非常震撼，很多地方看不懂，但仍然从阅读中体验到一种对思考的巨大启发，让我第一次对我的性别产生了“存在主义”式的认识，也让我找到了我会愤怒于某些男性对待我以及对待其他女性的态度的原因。

我不敢说我的女性意识是由这本《第二性》所启蒙的，但囫囵吞枣地读完这本书后，我的确慢慢成长为一个对男人来说“不好对付”的女人。我有很强的自我意识，对男女平等有近乎苛刻的追求，讨厌各种包装下的大男子主义，包括所谓的“霸道总裁”，我不假装自己娇弱，更不稀罕男人对我怜香惜玉，我只佩服在智力上、人格上真正优秀的人，不论男人还是女人，也希望别人对我的褒贬是因为我的人品或能力而不是因为性别。

有人说，应该把《第二性》放进大学必读书目，让女孩子们踏入社会之前就先读一读这本书，把如何定义自己掌握在自己手里。对此，我完全同意。

《第二性》分为上卷和下卷，分别以“事实与神话”“实际体验”为主题，两册书共 65 万字，体量很大，阅读起来不是很轻松——并不是它的内容不吸引人，而是你不能以一种茶余饭后读着解闷儿的态度去读它。

自《第二性》出版 70 多年以来，有太多的“金句”被传诵，有些还借助影视剧里的女主人公说出来。如果你还没读过这本书，不妨先从这些“金句”开始吧！

“女人不是天生的，而是后天形成的。”

波伏娃在书中说：“女人不是天生的，而是后天形成的。任何生理的、心理的、经济的命运都界定不了女人在社会内部具有的形象，是整个文明设计出这种介于男性和被去势者之间的、被称为女性的中介产物。唯有另一个人作为中介，才能使一个人确立为他者。”

波伏娃认为，女性的一些表现，不是激素赋予的，也不是大脑的原因，而是由女性的社会处境所造成的。而这种女性的处境，所指向的，就是人类的文化和历史。

女性为什么是这个社会的“他者”？什么是“他者”？

在一个城市，外地人相对于本地人，就是“他者”；在一个国家，移民相对于原住民，就是“他者”。对于“他者”来说，他们不是主人，不是主体，而是被主体参照出来的“另一个”存在。

如果一个人生为女人，无论她在哪里，在本土还是在异乡，都是“他者”，她们不是主体，仅仅因为她们的性别，所以，她们是“第二性”；而男人被默认为“第一性”，女性是被男性这个主体参照出来的“另一个”“其他”性别。波伏娃从存在主义的角度指出了女性被视为“他者”和“第二性”的历史和文化的事实。

她无比清醒地揭开真相：“在女人身上，一开始就在她的自主生存和她的“他者”存在之间存在着冲突；人们向女孩灌输，为了讨人喜欢，必须成为客体；因此，她应该放弃她的自主。人们把她当成一个布娃娃，拒绝给她自由；由此，形成了一个恶性循环；因为她越是少运用自由去理解、把握和发现世界，她就越是在世界上找不到资源，她就越不敢承认自己是主体；要是人们鼓励她去做，她就可能表现出跟男孩同样的活力、同样的好奇心、同样的主动精神、同样的大胆。”

距离波伏娃写作《第二性》已经过去 70 多年了，时代发生了很大的变化，特别是 21 世纪开始之后，随着各种新兴产业的发展，使得一直因为身体局限而在工作中处于弱势的女性有更多的机会在多个领域发挥自己的优势，女性的地位已经今非昔比。

但是，在文化的最深处，女性仍然会被按照更有利于男性的文化定义，评价，比如，当人们夸奖一个女性有能力时，会不自觉地说出，“她竟然比男人还厉害”；当女性流露出软弱时，人们会这样评价，“不管怎样，她毕竟是个女人”……这些时候，女性一次次被拿来放在男性的坐标轴里进行度量，无论夸奖女性，还是安慰女性，观点其实早已被预设，“女人本来不如男人厉害”“女人本来就比男人软弱”。

最吊诡的事例是：我拿到一本 2019 年 7 月最新版的《第二性》，在封面内折页作者简介的文字上方，竟然放了一张西蒙娜·波伏娃和萨特的合影。这是几个意思？波伏娃没有一张单人的照片或画像吗？因为萨特更有名，而且是个男人，就要在女朋友的书上露个脸吗？波伏娃的价值不是因为她的思想和才华，而是因为她是萨特的女朋友吗？萨特自己的书一定不会在作者简介部分放他和波伏娃的合影吧？

2020 年的今天，一本女性独立写作的有关女性存在的思想巨著，竟然会被出版者“不经意”地让她的哲学家男朋友“出镜”，这个绝非偶然的事件，似乎是在提醒我们，想要不做“他者”，成为不需要男性做参照的独立的主体，女性要走的路还很漫长。

“直到有一天，女人能在她的力量中去爱，而不是在虚弱中去爱；不是用爱去逃避，而是用爱去找到自己；不是在爱中放弃自我，而是在爱中确认自我。——直到那一天，无论是对于她，还是对于她的伴侣来说，爱才不会是一种致命的危险，而是成为生命之源。”

我真是爱“死”了波伏娃在书中的这段话，甚至想把它印到纸上，裱起来，装在画框里，挂在我的书房。

1977 年，著名朦胧派女诗人舒婷创作发表了诗作《致橡树》，轰动文坛。诗中传达出崭新的爱情观，充满了对传统的不平等爱情观的批判，对于引领 80 年代中国女性的觉醒和改变起到了思想启迪的作用，诗句中话语铿锵，“我必须是你近旁的一株木棉，作为树的形象和你站在一起。根，紧握在地下；叶，相触在云里”，读来让人为之一振。

可见，对于男女爱情的想象和描述，最能体现一个女人如何看待自己，如何看待自己的性别。身处 20 世纪 40 年代法国的波伏娃和身处20世纪70年代中国的舒婷，都对女性在两性关系中的地位以及爱情对女性的意义，进行了独立而有价值的思考。她们看到了历史造成的问题，不满过去的文化传统，不甘心女性的从属地位或“他者”身份，试图找到更符合女性利益的新的道路。

这样的探索和讨论直到今天仍然是极有价值的，每当我在工作中听着眼泪汪汪的女性来访者，向我讲述她们卑微的爱情故事时，心里都会回想起波伏娃的那段话：“不是用爱去逃避，而是用爱去找到自己；不是在爱中放弃自我，而是在爱中确认自我。”

而我也深深地了解，即使是当今时代，对于女性来说，能够这样去爱，也并不容易，需要社会、文化的鼓励，需要自身的觉醒，也需要经济能力的支撑。

所以，姐妹们，任重道远啊！

“真正的爱情本应当承受对方的偶然性，爱情不会成为一种拯救，而是成为一种人际关系。…… 婚姻是联合两个独立个体，不是一个附和，不是一个退路，不是一种逃避，不是一项弥补。”

人们常常用“公主病”来形容那些任性挑剔、总是渴望得到公主待遇的女性。其实，还有一种“公主病”在女性中蔓延更广、危害更深，得了这种“公主病”的女性，潜意识里会幻想自己是等待被拯救的“睡美人”“灰姑娘”，她们认为，当下一切的困窘和不如意在遇到那个有能力并且愿意拯救自己的“王子”之后，就会得到彻底永远的解决，从此，就可以和“王子”一起“过上幸福的生活”。

把爱情当作救命稻草的女性怎么会把自己当作独立的个体？她们只能把婚姻当作附和、退路、逃避和弥补，而不是两个独立的人的联合体。“干得好不如嫁得好”仍然被许多父母植入女孩子的头脑中，导致女性在还没有开始竞争之前，就早早给自己预备了退路——“实在不行我就嫁人”。

现实的残酷也许要在很多年后才展现，出让自己权利的女性总有一天会发现，从来没有什么可以拯救自己的“王子”，也从来没有一劳永逸的爱情，女性的幸福除了把握在自己的手中，别无他路。

当女性把爱情当作一种人际关系，把婚姻当作和另一个独立的人的平等合作，虽然没有童话里那么浪漫，但是，更踏实，更长久，离幸福也更近。

“人们将女人关闭在厨房里或者闺房内，却惊奇于她的视野有限；人们折断了她的翅膀，却哀叹她不会飞翔。但愿人们给她开放未来，她就再也不会被迫待在目前。…… 男人要求女人奉献一切。当女人照此贡献一切并一生时，男人又会为不堪重荷而痛苦。”

如果我有女儿，一定在她进入青春期后，和她一起读《第二性》，这个愿望当然无法实现了。今后，如果我有孙女，一定会在她开始思考人生时，推荐她读《第二性》。

我要告诉我的孙女和其他年轻的女性：这个世界对女性有很多不公，男性对女性有很多苛刻的要求，不能因为“从来如此”就“理当如此”；女性若不能看透这些隐藏在习俗、传统甚至主流文化下面的恶意，就无法保护自己，也无法活出一个自由自在的人生；不要相信男人嘴里说出的“我养你”，不要以为守住厨房和卧室就守住了婚姻，不要幻想男人会回报你的付出和奉献。波伏娃 70 多年前就对女性提出的警告，今天乃至今后相当长的时间，仍然有意义。

我也想以我的人生经验告诉所有的女性，当你想和这个世界谈判时，当你想对男人提条件时，你要先问问自己：“我的手里有没有筹码？”

波伏娃在书中提出了女性走向超越性和主体性的三种策略：第一，女性必须工作；第二，女性必须追求和参与智力活动；第三，女性必须努力变革社会，寻求经济上的平等。

信哉此言。

很多时候，女性不敢参与竞争，不是担心自己能力不足，而是害怕“不像女人”；女性不敢显示优越的智力，也是害怕“不像女人”；女性不敢挣钱比丈夫多，不敢在共同承担家庭开支的前提下，要求伴侣分担家务，还是因为害怕“不像女人”。

女人被历史、文化和男性霸权定义太久了，所谓的“像女人”就是让女人要符合他们对女性的标准和定义，而不是符合女性对自己的想象和期待。是时候觉醒和改变了，今后的日子，我们难道还要被这些枷锁所辖制吗？我们难道还要别人教我们怎样做女人吗？

愿每一位女性都按照自己的期待和心愿做女人，不被定义，不被束缚。像不像女人不重要，活出自己最重要。

我们是女人，用不着“像女人”。

Part 2

心自在，身无恙

年过半百之后，身体自然在衰老，更年期的激素波动又加剧了这种变化，让女性的身体进入了多事之秋。

打拼了半辈子的我们，都曾经亏待过自己，特别是，亏待过自己的身体。以前的“旧账”现在到了该“还”的时候，当下的困顿也在试图消耗我们的身体“本钱”，“老账新账一起算”的滋味真不好受。

中年女性的疲累和倦态是难以遮掩的，身累，心也累。

未来还很长，带着千疮百孔的身体如何体验之后的丰富人生？

修整成为当务之急，为现在，也为将来。

身体的种种不适，不仅是生理的问题，也是心理状态的反映，这种身心关联早就被现代医学所验证了；而女性更年期的身体健康，可能比以往任何时候更易受到情绪、感受等内心世界的影响，活到这把年纪，谁还没有点“前仇旧恨”呢？

别再回避，别再掩饰，别再假装没事，认真倾听身体的求救信号，然后，从修复内心开始，为身体找到疗愈的捷径。

身体知道答案

美国著名心灵语言专家、精神指导专家芭芭拉·乐芬说："身体会把无法意识到的情绪表达出来。"

你是否留意过这样一个有趣的现象，在日常生活中，我们对情绪的描述常常会和某个身体部位联系起来，比如"这件事把我的肺都要气炸了""他这么做，我的心一下子就感觉被堵住了""听到这个消息，我简直是肝肠寸断"……其实，这些陈述不只是修辞手法，也是在展现情绪对身体的重大影响：愤怒让肺部感到憋闷，失望让心脏感到供血不足，极度的伤心悲痛导致肝部、肠部受到损伤，等等。

身体比头脑聪明，只不过我们有时忽视它发出的信号，有时听不懂它的表达。

人到中年的多事之秋，身体几乎每天都“有话说”，它不仅知道我们健康的答案，还知道我们解不开的心结的答案。

美国著名催眠治疗师斯蒂芬·吉列根说，人有三种智慧：身体的智慧、认知的智慧和场域的智慧。

现代人常常过于依赖认知的智慧，这就让我们不知不觉陷入“自恋”的幻觉中，认为世界就是我们头脑中想象的样子，他人也是我们头脑中想象的样子。我们轻视身体的智慧，常常不能和自己的身体发生连接，无法用身体感知真实的世界，真实的他人，真实的自己。我们还会忽视甚至否认自我之外还有更高的场域智慧，这让我们心生傲慢，遭受狂妄带来的痛苦。

遗憾的是，就连一些追求“身、心、灵”成长的人，也不能对这三者平等对待，对“身”总带着一份轻视，似乎代表身体的“身”要比代表心理、情绪的“心”，以及代表潜意识的“灵”低级。如果我们知道“身、心、灵”分别是指自己与自己、自己与他人、自己与社会的三种关系，就会领悟出这种对“身”的轻视带来的后果多么严重。一个人若不能疏通自己与自己的关系，何谈修通与他人、与世界的关系啊！

重新找回和身体的连接

在生命的早期，幼年的我们非常重视身体的各种感觉，也能听懂身体的不同信号，我们对冷暖、饥饱、疼痛的反应很敏锐，也很直接。后来，我们长大了，上学了，开始被教化，学习知识的一个代价就是头脑和身体开始分离，头脑越来越聪明，身体越来越迟钝。这是现代文明对每个人的影响，暂时无法改变。

幸运的是，度过半个世纪的人生之后，内心的声音督促我们，要和自己的身体再次发生紧密连接，听从了这个呼唤，我们就有可能重新获得身体的智慧，并且让认知的智慧和身体的智慧相通，达到一种高度的和谐，和自己、和他人的关系都将出现前所未有的新气象。

很多女性更年期的觉醒是从发现并重视身体的种种不适开始的。之前，她们忽视、打压这些感觉，总对自己说，“没事，很快就会过去，没什么问题，我很好”；更年期到来后，内心的声音越来越强大，提醒她们，“嘿，好好听着，身体在说话”。

疼痛的脊椎在说什么？发闷的胸口在说什么？憋胀的小腹又在说什么？还有，一听见亲戚来电话就咚咚乱跳的心脏又在说什么？

聆听身体发出的信号，会让我们对自己有更深的观照。

疼痛的脊椎也许在说，“背不动了，这么重的担子要把我压断了”；发闷的胸口也许在说，“没人在乎我，没人听我说话，太难受了”；憋胀的小腹也许在说，“做女人太辛苦，苦水排不出去啊”；咚咚乱跳的心脏说得很清楚啊，“你们别再找我帮忙了，我受不了啦”。

身体比头脑可靠

人本心理学家罗杰斯指出，身体永远比头脑可靠。

身体是诚实的，想骗人的是大脑，自欺欺人的也是大脑。测谎仪靠什么来鉴别真话和谎言？当然不是靠大脑编织的语言，而是靠无法受意识控制的身体反应。

看见喜欢的人，瞳孔会放大；遇见为难的事，血压会升高；想做的事，干起来不觉得累；喜欢吃的东西，一口下去就满脸微笑……这些体验，我们都有，但是，社会规范有时会让我们故意掩盖身体的反应，甚至用谎言曲解身体的信号。

有位女士总说和丈夫感情很好，很恩爱，但又因为被丈夫身上的味道熏得头疼，而不得不和他分居两室，丈夫再怎么洗澡换衣服也无济于事，而其他人并没有觉得这位男士体味很重。其实，这位女士不能承认自己“讨厌”丈夫，不能承认自己不愿意和他同床共枕，只不过，她的鼻子比大脑诚实。

还有位女士，儿子生了二胎，她看起来很高兴，孙子满月时大操大办，请客吃饭，可没过几天就头晕得厉害，一量血压，高得吓人；最不可思议的是，她的关节炎突然变得很严重，几乎无法站立，只能坐轮椅行动。儿子儿媳再也无法指望她帮着带孩子了。事实上，她之前帮他们带大了大宝，已经身心俱疲，她不想再继续给二宝做免费保姆了，但好母亲、好祖母的角色设定让她在意识上不允许自己感到厌烦，于是，身体就替她做了表达。

第三位女士，失眠很严重，她总觉得是更年期正常现象，一直忍着，后来，婆婆搬走了，她的失眠不药而愈。原来，婆婆在她家长住的时候，她觉得自己是个“外人”，是在别人家做客，睡觉时总担心婆婆有事过来敲门，但她不敢和丈夫谈论这些感受，也没有意识到失眠和这些有关。

我们可以骗过头脑，但我们骗不过身体。

所以，每当身体发出信号时，要接收，要重视，不要用头脑中的观念去批判身体的感受，这是人到中年的我们下半辈子健康的保证。

能量堵塞的代价

更年期女性身体里的激素会出现大的变化，这种变化不仅会让女性感觉到潮热、出汗、情绪波动，也会给大脑带来影响，赋予女性更加敏锐的观察力，发现那些曾经熟视无睹的不公平，也赋予女性前所未有的勇气，为自己发声。

更重要的是，这个阶段的许多女性身体里酝酿了很大的能量，驱使她们去做一些实现自我的事情，而不是继续为家庭、为他人默默付出。她们创造和改变的欲望是如此强烈，一旦把能量的出口堵住，就一定会付出不小的代价，最常见的就是健康的代价。

有句话在妇科医生里流传很广：“退一步卵巢囊肿，忍一时乳腺增生。”事实上，绝经之后，女性患心脏病、抑郁症、乳腺癌的概率在增大，除了遗传基因的作用之外，也和生活习惯、情绪状态以及生命的能量被堵塞有很大关联。

女性必须主动面对自身生命的变化，倾听身体发出的各种信号，读懂身体的表达，否则，身体就会用更猛烈、更“大声”的方式向你表达，重大疾病就是这样的表达。

很多女性中年之后受子宫肌瘤的困扰，医学的解释是这个阶段的女性雌激素多孕激素少的缘故，与此同时，我们还要看到，患子宫肌瘤的女性似乎在生活中遭遇了同样的情境，那就是体验到了挫折感。写出《女人的身体，女人的智慧》的美国妇科专家克里斯蒂安·诺斯鲁普说，“子宫肌瘤常代表被阻挡的创造性或是还没有诞生的创造性”，她还说，被阻挡的创造精力也会在卵巢、膀胱、子宫等其他属于女性第二性能力中心的部位上表现自己。

绝经之后雌激素的自然减少，或者使用一些降低雌激素水平的药物或疗法，都可以遏制子宫肌瘤的发展，也有不少女性通过手术切除肌瘤。同时，我们要看到，身体的症状不仅是属于“肉身”的，也常常会向我们传递一些关于生命的重要信息，子宫肌瘤或者乳腺增生、偏头痛、失眠等更年期症状，都是唤醒我们的信号，身体用这样的方式在提醒我们，生命中有些事必须要改变。

如果能尊重身体的变化，尊重自己内在表达的需要，生命的能量将会自由迸发，新的人生就会开启，更年期之后就会成为一个激动人心的发展阶段，而不是生命尾声的预告。

你的情绪，
也许郁结在乳腺上

对女性来说，当情感和爱意能够自由流淌时，我们的身体就会充满和周围人友好亲密相处的激素，这会让我们的乳房沉浸在健康愉快的活力中。

30多岁时，我偶然在自己右边的乳房摸到一个小疙瘩，黄豆大小，不疼不痒，体检的时候，医生告诉我："没事，就是个小结节，以后不要戴有金属托的胸罩了。"我问："需要开刀吗？"医生说："不用，也许你丈夫能让疙瘩变小。"

医生是个男的，他的话让我有点恼，虽然他看起来一本正经，但这话说得太不专业了吧？当然，他没有误诊，20

多年过去了，那个小结节一直在，没什么变化。

后来，我学了心理学，做了心理咨询师，对乳腺健康的认识不只是从生理学的角度，也从心理、情绪的角度有了更深的了解，再回想那个男医生的话，才让我有了“话糙理不糙”的感觉。也许，他想表述的是“良好的两性关系有益于乳腺健康”，只不过，他那种过于随意的表达容易让女性产生误会。

对女性来说，当情感和爱意能够自由流淌时，我们的身体就会充满和周围人友好亲密相处的激素，这会让我们的乳房沉浸在健康愉快的活力中。

遗憾的是，很多女性对此的认识严重不足。

我在接受婚姻咨询的来访者中发现，长期处于夫妻关系紧张压力下的女性，几乎无一例外会有不同的妇科问题，表现在乳腺、子宫或卵巢上，而其中，尤以 40 岁以上的中年女性为多，身体上的病痛是她们除了婚姻关系之外的另一个苦恼来源。

大家倾向于把婚姻家庭矛盾和身体病痛割裂来看，其实，中年女性没有意识到，乳房的种种不适是在提醒我们，自我奉献的时代已接近尾声，自我实现的时机就在眼前，如果把握这个生命的转折，情绪的能量将会得到疏导甚至升华；若仍然固守原来的思维方式和行为习惯，可能要付出乳腺健康的沉痛代价。

乳房的寓意：养育和自我奉献

女性的乳房是一个神秘的存在，它既是女性吸引男性最外显的性特征，又是隐藏的哺育后代的营养来源。传统文化让女性对于乳房的误解在于，她们认为乳房是愉悦伴侣的，也是哺育孩子的，似乎不是属于自己的。

这种误解是长期被暗示的结果，就像女性一直被暗示：照顾好家人是自己的本分，家人愉快，自己才有资格愉快，在资源匮乏的情况下，女性应该牺牲自己去照顾他人。

从性成熟的青春期到性衰退的更年期，几十年的光阴倏忽而过，承载着“养育和自我奉献”寓意的乳房，终于不堪重负，用各种病痛替女性呐喊：“我受够了！”

现代医学证明，乳腺癌的发生既和生理因素有关，也和情绪因素有关，女性如果在情感中常常处于付出大于收获的状态，长期隐藏自己的情绪，不愿表达，不善表达，可能会导致病理的极端状况出现。

茹云在确诊乳腺癌后找到了我，她说："其实，知道自己得病后，我反而轻松了，因为，这下我就可以名正言顺地好好休息一下了，他们再也不敢对我提要求了。"

他们是谁？茹云告诉我，他们是她的丈夫、孩子、公婆以及自己的娘家人。这么多年，她一直用不断地付出来换取这些人的满意，结果，他们的要求越来越多。茹云没有勇气拒绝，因为她觉得，她和所有人的关系都建立在她必须不断付出的基础上，如果她停止付出，这些人就会舍她而去。

她越隐忍，他们越索求；他们越索求，她越隐忍。没想到，这个死结竟然被一场看似突如其来实则"预谋已久"的重病所打开。

茹云似乎一直在"期待"这乳腺癌来解救自己，我问她后悔吗，她叹了口气："我有什么办法？"

养育和奉献可以给女性带来满足感，就像哺乳时母亲把乳汁和爱传递给孩子，自己也会感受到幸福；但是，千万不要把自己想象成“所有人的母亲”，可以不计回报地对他们无条件地给予爱和关怀，哪怕是自己的孩子，如果已经成年，做母亲的也要和他们划定清晰的界限。

受时代和文化的影响，当今的50+女性几乎都有过忘我奉献的漫长经历，其中不少女性现在仍处于为家人而舍弃自我的状态。身心俱疲的她们，不知道人生的“拐点”已经到来。

爱自己，从善待乳房开始

如果女性潜意识里把乳房看作“伴侣的玩物”“孩子的粮仓”，她不仅无法用爱意和温柔善待自己的乳房，也无法读懂乳房无声的倾诉。

经常抚摸和按摩乳房可以活化淋巴引流，增加血液循环，对乳腺健康非常有益，这既可以是伴侣间充满爱意的互动，也可以是自己爱自己的习惯。

年轻时，我挑剔过自己的乳房，嫌它们不够丰满；40岁以后，仍然不能在镜子里直视自己的身体，总觉得不够好，不完美。

后来看了一位国外摄影师的摄影展，我改变了看法。他拍摄了几百位女性的乳房，大小、形态、颜色各异，但它们都是美的，或者说，都是充满生机的，因而，格外动人。

近几年，我对自己身体的喜爱在增加，这和我减肥健身后身材变好有关，也和我学会接纳自己有关。我不仅每月都有规律地做乳房自测，平时也会细腻地抚摸它们。

我比年轻时更喜欢自己的乳房，觉得它们很美，很动人，而带着爱意的抚摸是身体的需要，也是心理的需要。

一位55岁的女性来访者告诉我，她从来没有有意识地抚摸过自己的乳房，我吃了一惊。她说，丈夫和她情感疏离，早就分床睡了，她觉得他不喜欢她的身体，她也不喜欢自己的身体，从来没有有意识地抚摸过自己的身体，包括自己的乳房。

我告诉她："如果我们不爱自己的身体，身体会知道，也会难过，这种难过有时候会用疾病的方式表现出来，你要学会爱自己，就要先从爱自己的身体开始。"

我建议她买一瓶质感细腻、味道宜人的身体乳，每次洗完澡之后，好好地用乳液涂抹全身皮肤，特别是乳房，要带着爱和温柔抚摸它们，滋润它们。

她照着做了，一段时间后，情绪有了很大改善，睡眠变好了，自信心增强了，甚至，有了离婚的勇气，她说："我还没有那么老，人生还很长，不值得为一个不爱的人继续浪费时间了。"

再一次"哺乳"

女性第一次哺乳，是成为母亲之后，乳汁养育了孩子，也让做母亲的内心充满喜悦和感动。

绝经之后，女性失去了生育能力，乳房的养育功能似乎丧失了，但是，几乎没有人会想到，这个时候的女性需要再一次"哺乳"，去养育自己的"内在小孩"。

每个人心中，都住着一个未曾长大、未曾被安抚好的小孩，心理学称它为"内在小孩"，它是我们情绪上的自我，是感受和欲望的表达。

如果一个人幼年时期的心理需求（安全感和爱）没有得到满足，她自我的一部分会永远"卡"在那个地方，并在未来的人生中不断地寻求补偿。在感到安全时，"内在小孩"是不会出来的；在遇到挫折和挑战时，"内在小孩"就会出来，替我们“接管”一切，充分地暴露出失控之后的焦虑、崩溃和纠结、抗争。

很多女性对自己很迷惑，明明年纪一大把，甚至已经当了外婆、祖母，为什么在有些事情上仍然会像小孩子一样情绪失控呢?

其实，这就是她们的“内在小孩”在表达情绪，如果没有觉察和疗愈，“内在小孩”不会自己长大，别说现在50多岁，就是将来六七十岁，也会如此。

有的人心里住着一个“讨好小孩”，有的人心里住着一个“叛逆小孩”，还有“自卑小孩”“孤独小孩”，等等，无论是哪一个，都是你内在的一部分，需要你好好接纳。

所以，女性的最后一次“哺乳”，就是养育自己的“内在小孩”——用关爱和理解去拥抱“她”，倾听“她”，和“她”的感受相连接；接纳“她”，安抚“她”，让“她”有机会慢慢长大。

什么是养育“内在小孩”的乳汁呢?

带着爱意的觉察。

通过回顾自己的人生经历，总结自己的情绪轨迹，慢慢找出旧时伤痛的根源，就能“看见”那个或委屈、或自卑、或叛逆的“小女孩”。当年你无力解决的困境也许已经不存在了，当年伤害你的人也许早就从你的生活中淡出了，但是，那个被伤痛“卡”住的“小女孩”却以为危险还在，威胁未除，“她”需要你拉住“她”的手，告诉“她”：“亲爱的，没事了，一切都过去了。”

对自己的“内在小孩”进行“哺乳”，不是寓言式的比喻，而是切实有效的疗愈方式，如果能让积压很久的情绪得到释放，郁结在乳腺里的悲伤情绪就会被疏通，对身心健康极其有益。

情绪健康，乳腺就健康

充分表达情绪可以帮助女性保持乳腺健康，然而，自如地表达情绪是需要学习的，如果原生家庭没有鼓励你表露情绪，没有教会你表达情绪，就需要有意识地去学习。

● 停止批判自己的情绪

某些情绪和感受可能不是愉快的，但绝不是“不应该”

的，或者“错误”的。诚实面对自己的所有情绪、所有感受，是接纳自己的第一步。

请记住，没有任何一种情绪是错误的，承认痛苦的感受比否认它、批判它，对健康更有利。

乳腺与表达愉快、爱、悲伤、愤怒等情绪的能力有关，所有这些情绪和感受，都是正常的，都有资格得到表达；如果只能表达愉快、爱和宽恕，悲伤、愤怒和敌意都被隐藏，这些所谓的“负面情绪”不会消失，而是会潜伏下来伺机攻击人体的健康，对女性来说，乳腺可能成为首当其冲的靶子。

● 学会表达情绪，用“我……”的句式

当我们感觉不舒服时，要用“我……”的句式表达自己的情绪和感受，而不是用“你……”的句式表达对他人的指责。

比如，女性更年期反应强烈，常常感觉心烦意乱，可以这样对丈夫说：“老公，我最近情绪不太稳，可能和激素变化有关，总觉得累，还总想发火。”

如果用“你……”的句式，比如，“你明明知道我这段时间身体不舒服，怎么一点都不体贴我啊？一回家就看电视，

也不帮我做家务，你是想气死我吗？”极有可能会引发对方不满，带来冲突和争吵。

每周至少要做一件让自己开心的事

人到中年万事忙，上有老下有小，女性给自己定义的奉献者“人设”让她们无法完全摆脱为家人倾力付出的惯性，这是不得不接受的现实；但是，为了自己的身心健康，也为了家庭的长治久安，女性还是应该为自己设定一个情绪健康的安全底线，这个底线就是：至少每周要做一件不用顾及他人、只为让自己开心的事。

这件事，完完全全不用考虑其他任何人，什么老公、儿女、孙辈都靠边站，只为了让自己舒服、愉悦、满足。它可以是约几个闺密去喝个下午茶，也可以是独自漫无目的地去逛逛街，吃点东西，还可以是去按摩中心、理疗馆待上小半天。方式不重要，重要的是刻意抽出几个小时的时间满足自己、愉悦自己。

吴姐说每周三去合唱团练歌是她最开心的事，琪琪妈妈说她最放松的时候是每周去温泉中心泡汤，林太太说她只要在咖啡馆看一下午书，就会得到很大的满足。她们无疑是幸运的，能够暂时从责任中脱身，让自己开心。

我把这个方法称为“每周一乐”，半年三个月才做一次就太少了，要保证每周都有机会做一次自己想做的事，可以是连续的、相同的，也可以是花样翻新的，关键是要有规律地、经常性地取悦自己，才能保证你的情绪不会郁结，不仅对乳腺健康有益，而且对整个身心都有益。

想一想，对你来说，每周做一件什么事可以让你愉悦、放松呢。

实现自我可以“滋养”乳房

迈入半百之后，女性要把握最后一次活出自我的机会，不要按照惯性不假思索地把奉献自我的策略贯彻终生。实现自我，不仅可以提升女性的人生价值，还能为女性提供情绪价值，这种情绪价值是乳腺健康的心理保障。

不用把“实现自我”想得多么高深，当你做喜欢的事，当你做有创造性的事，当你投身有意义的活动时，就是在实现自我。凡是能够让你感觉到“我之所以成为我”的事，就是在实现自我。

不知道女性朋友是否有过这样的经历？完成一件自己想做的事后，身体的疲累很快被内心的满足所覆盖，浑身上下充满活力，觉得自己很年轻，觉得生命有意义，更加喜欢自己，对世界也充满善意的期待。

我经历过这样的满足。

40 多岁时，因为经常监督儿子学习，早年对英语的兴趣再次被点燃，于是，我决定去北京外国语大学的继续教育学院学英语。

朋友们听了都以为我要移民，得知我并无此意，便笑我“自己找罪受”，老公孩子也不是很理解，但我不想压抑内心的冲动，决定重回校园学习英语。

我在北外断断续续学了一年，参加过几个月的脱产班，也参加过晚班和周末班，结识了很多比我年轻 20 岁的小同学，也系统地提高了英语的听说读写能力。

最重要的是，我找到了让自己快乐和满足的方法，那就是按照内心的想法去做自己喜欢的事。

那段时间是忙碌而辛苦的，起早贪黑地赶课程，还要兼顾工作和家庭，但我却变年轻了。

上脱产班时，早晨7点多进校园，看见草坪上的晨露，我的心瞬间回到了18岁，心中涌出对生命的感动；上晚班时，下课时常常快10点了，我会站在寂静的校园里，深深地呼吸一口夜晚的清凉空气，那种幸福感，简直无法用语言来形容。

很奇妙的是，我的身体在那段时间状态极佳，不失眠了，记忆力特好，对老公温柔，对儿子耐心，照镜子时看到自己脸上洋溢着中年女性少见的意得志满的光泽。

也许你对学外语没什么兴趣，这没关系，重要的是，你要找到让你兴趣盎然的事情，然后，用力把握它，因为，这件事给你带来的“高潮”体验，将会为你提供非常宝贵的情绪价值。

我们的乳房、子宫、卵巢以及身体的其他部位，都需要被实现自我的成就感滋养，这种滋养，比燕窝更有效，比珠宝更润心。

中年之后，奉献自我已接近尾声，再不拉开实现自我的大幕，人生下半场的主角该何时上场呢？

活得太沉重，
心脏怎么受得了

由于我们不敢抗议，不敢拒绝，不敢说出内心真实的想法，就不得不委屈心脏去承受过重的负荷。

中年女性对乳腺癌非常恐惧，对心脏病的危害却缺乏应有的警惕，事实上，死于心脏病的女性是死于乳腺癌女性的十多倍，不少女性是在心脏病发展到很严重的时候才认识到它的。

对女性来说，心脏疾病很少发生于绝经前，心脏疾病（包括高血压和中风）是 50+ 女性最常见的死因。

女性的心脏问题更多地与情感有关，这是因为，男性倾向于使用偏重于理性思维的左脑半球，女性倾向于使用偏重于音乐、情感和深藏的自我的右脑半球，而右脑半球比左脑半球与心脏有更多联系。

简单说，男性心脏不舒服，主要是心脏器官的问题，女性的心脏问题则更复杂，情感和生理因素同时参与作用。

心脏意外和中风都是由于血管栓塞引起的，除了粥样硬化的影响，紧张、恐惧、悲哀、愤怒、抑郁等情绪，都会引起血管收缩，阻碍血流的正常运行。

对 50+ 女性来说，要保护的不只是乳房，保护心脏也已经是刻不容缓的事情了。除了合理膳食、规律运动、定期体检之外，学会倾听自己的“心声”，可能作用更深远。

心悸：情感和灵魂在呼唤

人的心脏每天大约跳动 10 万次，一年跳 3600 万次，任何引起血管收缩的事情都会加重心脏的负荷，情感因素对心脏健康有很大影响。

许多更年期女性由于激素改变而经常出现心悸的现象，

同时，中年之后的心脏也变得更加敏感，对年轻人毫无影响的咖啡因、茶碱、甜味剂等物质，会使中年人的心脏过度劳累。尽管心悸一般并无大碍，但是，不要忘了，也许，心悸是心脏在向你传递重要信息。

我的一个来访者亚宁说，她每次从婆婆家回来的当晚就会心悸，因为婆婆总会不停地散播坏消息，“猪肉不能吃”“韭菜里有毒”“二姨表舅的三哥被车撞死了”，等等。亚宁不喜欢一家人吃饭时总讨论这些令人不快的事，但无法阻止婆婆，没想到，心脏会用一阵阵的心悸来抗议。

另一位来访者路平，不能听别人讨论北京的房价，一听就心慌、烦躁。她和丈夫生活在一个小城市，是普通的工薪阶层，儿子研究生毕业后留在北京，工作不错，但买房压力很大，只要有人和她谈论与房价有关的事，或者是看到相关的新闻，她肯定会心悸、心烦到失眠。

人到中年之后，心脏要求我们清醒地认识现实，重新看待我们和周边事物的关系，重新衡量自己和他人的边界。当女性的情感和灵魂都需要得到关注时，就会通过心悸表现出来，如果我们愿意认真倾听自己的“心声”，并按照它的指引做出改变，症状会得到很大缓解。

亚宁不能寄希望于改变婆婆，但她可以减少对婆婆的定期拜访，还可以把压抑在内心对婆婆的不满找一个安全的朋友吐露出来；路平不能盼着北京房价“跳水”，而是需要直面自己的愧疚感——“没有能力帮助儿子在北京买房，是做父母的失职”，并且看到这种愧疚背后的逻辑是荒谬的，为已经研究生毕业的儿子凑钱买房子不是父母分内的责任。

要知道，半百之后，总想承担挑不动的重担也是一种“不自量力”，我们没有必要这样难为自己。

思维和情感会对心脏产生巨大的影响，改变思维模式，不再压抑自己的情绪和感受，不再按照他人的要求、社会的标准苛求自己，可以很大程度减少因为精神压力过大而导致心脏异常的可能性。

家族性格导致家族疾病

心脏病、高血压常常有家族史，除了家族内饮食习惯的传承之外，家族性格也是导致家族疾病的重要原因。很多家族内，从父辈开始，不善表露情感，遇到事情死扛，这就成为导致后代多发心脏病的性格遗产。

我有个朋友叫瑞，她的父母都是特别要强的人，对她和几个兄弟姐妹的教育也很严格，她的军人父亲最爱说的一句话是“轻伤不下火线”，她母亲在她小时候也常常教育她：“别那么娇气，谁都有不舒服的时候，不要大惊小怪，忍一忍就过去了。”如今，两位老人都有严重的心脏病，刚过50岁的瑞也查出房颤。

我接触过几位中年女性，家族里都有心脏病史或高血压病史，她们对于身体病症的漠视让我吃惊，她们找我不是为解决自己的问题，而是想让我通过工作便利，在我的恋爱课女学员里，为她们的儿子物色女朋友。

她们不关心自己的身体，更在意的是儿子的婚事。

这些女性从她们的母亲那辈起，就设定了“家人优先”的次序，尽管早就知道自己的心脏有问题，只要能吃药挺着，暂时没什么紧急状况，就仍然把为家庭尽责放在第一位。这让我为她们感到很难过，也为千百年来文化习俗对女性的“洗脑”感到愤怒。

幸亏，我遇到过一个特例，她是我的闺密如意。

如意的母亲很要强，婆婆也是严于律己还严于律人的老太太，两位母亲对于家人的要求都很高，自己辛劳一辈子，也见不得别人过清闲日子。

如意偏偏不买她们的账，经常干活干到一半，就躺在沙发上休息，她母亲就训斥她："从小到大，总这么懒！"她嘿嘿一笑："对啊，母亲大人，您那么勤快，就让我懒一会儿呗！"

去婆婆家也如此，听到不舒服的话，她就起身出去躲一会儿，觉得身体疲乏，绝不会为了让婆婆满意而硬撑着干活，丈夫对此不满，她的解释是："我不能那么累，累病了还不是给你找麻烦？再说，谁能和你妈比啊，待机时间那么长，充电五分钟，干活两小时！我这块电池没那么厉害，干一会儿就得歇一会儿，充充电。"弄得她老公无话可说，久而久之，也只能由着她。

这样做的结果是，如意的身体特别好，血压正常，心脏健康，退休后不顾母亲和婆婆的不满，参加了好多社团，整天唱歌跳舞爬山画画，日子过得自在着呢！

没人心疼你，你就会“心疼”

几乎所有女性都在家庭中承担着重要角色，与此同时，家务分工的不平等几乎存在于每个家庭。对这种不平等、不公平，有的女性早已漠然，有的女性无奈接受，有的女性用不满、抱怨来表达抗争，也有许多女性凭着坚韧的性格努力满足家人的期待，直到心脏用疼痛来告诉她们——情况不妙。

艾伦是一名优秀的销售经理，年薪比丈夫还高，但是，她却承担着绝大部分的家务。结婚20多年，丈夫对此习以为常，艾伦自己也觉得没什么不合适。

她告诉我，她在成长中潜移默化地形成了这样的观念，那就是：一个女人，作为妻子和母亲，有责任让家里整洁漂亮、饭菜喷香，给丈夫和孩子创造一个舒适、美好的家庭环境。

事情的变化是从某一天开始的。那天，艾伦去医院看望一个老朋友，那个朋友生了重病，在病房里，朋友的老公和孩子却显得很不耐烦，躺在病床上的她脸上充满歉疚。艾伦知道，这位朋友为了供孩子上学、结婚，一直苦着自己，她老公是个“甩手掌柜”，大事小事指望不上，现在她累病了，却是这样的结局。

从医院出来，艾伦很难过，自己去咖啡馆坐了好半天，回到家后，丈夫一见她就对女儿说：“好了好了，你妈回来了，不用点外卖了，她马上给咱们做饭。”上大学的女儿也嘟囔着：“妈，你怎么才回来，我都饿死了。”艾伦本来想说：“你们都有手有脚，为什么不能为自己做饭？你们只想着自己，谁关心过我累不累？”但她强忍着，没有发作，默默地开始做饭。

睡到半夜，她被下颌的剧痛弄醒了，刚开始以为是牙疼，后来又感到左胸部位一阵阵抽疼，这才意识到是心脏的问题。

艾伦告诉我，当时她静静地躺在床上，流下了眼泪，决定从此换个活法。

下面这段话是我告诉艾伦的，同时，也想分享给所有50+ 的中年女性：

“再也不要用牺牲自己健康的代价来换得好妻子、好母亲的称号了！婚姻进行到这个时候，再也不要用不计回报的付出来维持了！那个大腹便便的男人不是你养的‘儿子’，他必须像个男人一样对家庭负起责任，孩子也已经成年，你对她要像对一个成年人一样有所要求。”

许多习惯性过度付出的女性总以为自己不需要回报，她们不敢对家人提要求，不愿意让他们分担责任，不想让他们知道，自己也会疲倦、沮丧，也会感到不公平和委屈，这些女性硬撑起的坚强，实际上“惯坏”了家人，也导致了自己身体的透支。

善待心脏，就要心口一致

身体比大脑聪明。当我们心口一致时，身体就会舒泰自在；当我们心口不一时，身体就会用各种不舒服、不自在提醒我们：“要对自己诚实！”心口不一时，心脏的反应可能比别的身体部位更强烈。

我们为什么常常表现得心口不一呢？

有的时候，是因为我们不敢承认自己的真实需要；有的时候，是因为我们不愿袒露自己的软弱；更多的时候，是因为我们习惯于扮演一个让别人喜欢、让社会认可的“完美女性”。

特别是，当我们自己都不能接受那个有血有肉、有弱点有软肋的真实自我时，我们就会常常心口不一。

当工作和家庭让我们感到“蜡烛两头烧”的焦灼时，当老公不为我们分担家务时，当成年的儿女在经济上对我们提出过分要求时，当婆家娘家的各路亲戚频繁出没，用各种琐事麻烦我们时，尽管我们早已心力交瘁，却仍然要“扮演”那个可以应付一切的“女超人”，一次又一次骗自己：“我没事，我能行，这难不倒我！”由于我们不敢抗议，不敢拒绝，不敢说出内心真实的想法，就不得不委屈心脏去承受过重的负荷。

心口不一是一种叫作“反向形成”的心理防御机制，当一个人害怕不被认可时，就常常会表现出心口不一。

年过半百之后，工作了半个世纪的心脏已没有我们想象中强壮，保护心脏直接关系到我们后半生的健康，不仅不要透支体力干过重的活，还要学会接纳真实的自我，不再追求被他人认可，尽可能做一个心口一致的人。

怎样就可以做到心口一致呢?

首先，心口一致就是不带指责地说出自己的要求，比如，“老公，这几天你做饭吧，我想休息休息”。

其次，坦率自然地表达态度和观点也是心口一致，比如，“儿子，妈妈辛苦一辈子了，这点退休金希望花在自己身上，你已经工作了，应该自食其力了”。

心口一致还体现在真诚勇敢地展现自己的软弱，比如，告诉家人或者朋友“我好累啊！有点撑不住了！真希望有人能帮帮我”。

当我们可以在内心里说：“我喜欢真实的自己，尽管没那么坚强，没那么宽容，没那么慈爱，没那么美丽，也没那么讨人喜欢，但，这就是我啊，不管别人是否认可，我再也不想假装成另一个人了！”那时候，我们的小心脏就会体验到心口一致所带来的前所未有的轻松、愉悦。

承认真实的自己之后，人生才是自己的。

中年抑郁，“忍得太久”综合征

很多临床医生和心理治疗师发现，被更年期抑郁困扰的女性往往具有“抑郁型人格”，特点就是长期压抑自己的情绪和感受，爱生闷气，不愿意主动说出自己承担的压力，不会向身边人求助。一个字总结：忍。

25% 的女性在其一生中至少发生过一次抑郁症，女性在更年期经常出现的抑郁情绪、抑郁状态，虽然未必达到抑郁症的程度，但它仍然令当事人感到十分痛苦。

最常见的症状是莫名其妙的乏力，休息后仍不能缓解，走路稍多一些就感觉累；其次是对外界兴趣减退，什么都不想干，什么都懒得干，甚至连过去喜欢的事情，现在也提不起兴趣；第三是长时间的情绪低落，怎么也高兴不起来。

有一位用中西医结合疗法来治疗抑郁症的医生指出：青年人的抑郁，主要是不良生活事件导致的“阳郁”；老年人的抑郁，主要是身体原因导致的“阴郁”；中年人的抑郁，则是身体原因和不良生活事件共同作用导致的“阴阳郁”。

中年女性在更年期阶段由于雌激素水平下降而引起自主神经紊乱，内分泌异常，这是导致更年期抑郁的生理因素，而人到中年不得不面对“上有老下有小”的种种人生困境，是加剧更年期抑郁的心理诱因。

很多临床医生和心理治疗师都发现，被更年期抑郁困扰的女性往往具有“抑郁型人格”，特点就是长期压抑自己的情绪和感受，爱生闷气，不愿意主动说出自己承担的压力，不会向身边人求助。一个字总结：忍。

我在生活中遇到的大部分中国女性都具备这样的人格特点，我也是这样的。我发现，很多中年女性在身体变化和生活压力的双重夹击之下，多多少少都会出现抑郁情绪和抑郁状态，其中一部分人在发展成中重度抑郁症时才意识到，原来一直以为的“正常的”更年期反应，其实是抑郁症的表现。

男性一生中抑郁发生的概率是1/10，而女性则高达1/4。之所以女性更容易被抑郁侵袭，和千百年来女性一直被迫扮演从属角色有关。长期处在男性之下的从属地位，忍辱负重似乎成了女性的美德，而忍得久了，就忍出了抑郁。

另外，女性比男性更容易出现抑郁状态，还与社会文化对于男女两性如何处理愤怒情绪的不同态度有关。

简单说，男性的愤怒是被允许的，甚至是被正面肯定的，一个男人的怒气似乎还能显示出某种阳刚气；而女人则不同，女性的愤怒是不被认可的情绪，女人经常发怒会被冠以“泼妇”的恶名，这就让女性不得不为了社会习俗和他人看法而压抑自己的愤怒。

从心理学的角度说，抑郁是向外的愤怒转为向内的自我攻击，女性长期忍耐压抑，愤怒的能量被积压下来，最后就变成了向内攻击的抑郁。如此看来，一个女人有多么抑郁，就说明她有多么愤怒。

心累比身累更让人疲惫

中年女性在步入更年期前后，身体机能在下降，但是，生活负担却在变重，有时候，是兼顾工作和家庭导致体力不支，更多的时候则是想用一己之力撑住整个家庭的心累。

不得不说，传统婚姻观念中的“男主外女主内”早就过时了，生活中绝大部分女性都是自食其力的人，女性的工作收入并不比男性少；但是，有些男性对于女性分担家庭经济收入的贡献视而不见，仍然要求女性单独承担家庭内部的大部分责任。这是让女性感到无奈又沉重的现实。同时，女性不仅有妻子的角色，还有女儿、儿媳、姐妹、姑嫂等角色，当今的 50+ 女性都是从多子女的原生家庭长大的，公婆家也不止丈夫一个子女，所以，两边枝繁叶茂的家族，几乎每天都有需要处理的麻烦事，女性注重情感与关系的天性，以及文化赋予她们的责任心，让本来正经受更年期困扰的她们不堪重负，勉为其难。

中年女性的尴尬在于，明明年过半百，身体机能和 20 年前甚至 10 年前完全不能比，但是，上有年龄更长的公婆父母，下有还需要搭把手帮衬一下的孩子，上一辈觉得“我老了你还年轻”，使唤你毫不心疼，下一辈觉得“你还没那么老，帮帮我理所当然”，所以，处在老少夹心位置的中年女性，似乎只有“燃烧自己照亮他人”一条路可以走。

许多女性的心累表现为长期的疲乏感，慢性背痛，睡眠障碍，便秘，食欲紊乱，以及自责、自卑、无价值感，对未来感到灰暗无望。当这些症状长期存在时，应当格外警惕，它们可能不是更年期症状，而是抑郁症的表现。

允美出现乏力厌倦的症状已经好久了，她每天早晨5点左右就醒了，然后就怎么也睡不着了。白天总是昏昏沉沉，头疼背酸，总想叹气，叹完之后会觉得胸闷好一些。

她根本没想到要把这些不舒服告诉家人。一方面，她习惯于遇到事情自己忍受，不麻烦别人；另一方面，她认为是停经后的自然反应。

后来，允美发现自己不敢往窗边站立了，一站到窗边，她就会突然感到地面有一种巨大的吸引力，“诱惑”她跳下去。

允美告诉我这些之后，我对她说：“你想象一下，跳下去会怎样。”

允美闭上眼睛，缓缓地说：“跳下去就轻松了，彻底轻松了，就不会这么累了。”我轻声问她：“你很累，是吗？”她的眼泪流了下来：“太累了，实在是太累了……”

允美的抑郁症已经相当严重，好在她还能辨别自己的自杀倾向，懂得求助，不然，后果真是不堪设想。

人到中年后，最大的挑战是敢于不去满足别人的期待，只做自己想做的事，这样做，可能会让身边的亲人失望、抱怨，为自己招致批评、责备，甚至会说你变得自私，但是，不这样做，试图让周围人都满意，总有一天会让你“崩盘”。

释放过去的痛苦

抑郁状态是身体在提醒我们，我们的生活有哪里不对劲，然后迫使我们进行改变。抑郁也往往意味着我们在“关系”层面出了问题，和别人的关系，和自己的关系。

我接触过几位中年女性，她们都是在更年期阶段想起了过去的创伤，由创伤激起的情绪得不到有效的处理，进而陷入长久的抑郁。

为什么你以为“早就过去了”的一些创伤经历，会在人生已经走过一半的时候，突然重新“拜访”你呢？

从生理上说，更年期激素的变化，对大脑也产生了影响，一些被隐藏的回忆可能因此被激活。这些回忆往往是不愉快的、痛苦的，人在生命早期没有能力处理这些强烈的负面情绪，它们就被“藏起来”了；当更年期到来后，这种对早期创伤的记忆复活，是生命的智慧在提醒女性，这是最后一次释放痛苦和疗愈自我的机会，如果现在不把握，在生命的晚年，就很难再有力气去进行这样高难度的心灵复原了。

我的来访者紫菱，在抑郁很久之后才意识到，她的情绪不仅和正值更年期有关，也和她埋在心里的一段痛苦回忆有关。

她 13 岁时曾被继父猥亵，事发之后，没有告诉任何人，包括母亲。这段隐藏很深的经历在她面临绝经时，重新跳了出来。她告诉我，这么多年，她其实一直痛恨继父，怨恨母亲，为当年的自己感到悲哀、难过，但她的这些情绪一直无法表露出来，她无法面对揭露继父之后母亲的尴尬，也不能和丈夫分享这段难堪的经历，向朋友闺密自揭伤疤似乎也不明智，因此，愤怒的情绪就转化为向内的自我攻击。

另一位女士嫒姐，进入 50 岁后，也陷入长时间的情绪低落，她想不出是什么事让自己不开心，但就是觉得内心灰暗，干什么都提不起精神。我问她，这段时间睡得怎么样，她说，很奇怪，最近一直在梦里和婆婆吵架。其实，她在生活中是个超级好儿媳，对婆婆恭顺有加。

她的梦传递出她们婆媳关系更真实的信息，于是，我试探着问："看起来，你对婆婆有一些不能说出口的怨气吧？"听了我的话，媛姐愣了一下，眼泪慢慢流下来。

原来，她在怀第一个孩子时，国家开始搞计划生育，一对夫妻只能生一个孩子，重男轻女的婆婆逼着她去做 B 超，发现是女孩后，又逼着她流产，后来第二胎是男孩。媛姐一直对她的第一个孩子特别愧疚，觉得作为母亲没有保护好她，同时也痛恨婆婆干涉自己的人生。

很多年过去了，她以为早就忘了这段经历，婆婆对照顾孙子也颇有贡献，但是，在更年期激素变化的特殊阶段，往事重新变得清晰起来，一直压抑的情绪得不到释放，她才变得抑郁了。

无论是紫菱还是媛姐，都需要在安全可靠的环境，在一个值得信赖的人面前，把过去的痛苦释放出来，这些往昔的伤痛如果不能被看见，就会一直折磨她们。

抑郁情绪是在提醒我们，生活里有些不对劲的事情需要改变，这些事情也许发生在当下，也许发生在过去，我们在意识上以为“过去的已经过去了”，潜意识却通过抑郁情绪向我们高声呼喊：“根本没过去，我的痛苦为什么没有人看见？”

如果在生活中找不到可以信赖的人倾诉埋在心底的苦难经历，我建议你一定要找专业人士寻求帮助。要知道，中年抑郁的可怕在于，这样的情绪状态不仅会放大更年期的反应，也有可能发展成比较严重的抑郁症。

学会表达愤怒，而不是愤怒地表达

女性绝经是一个分界线。绝经前，是生命的前半段，雌激素分泌旺盛时期，女性的感情和行为被更多地引向外部世界，所以，女人的精力主要用于照顾他人，按照社会习俗和标准维系家庭，养育孩子，孝敬长辈。绝经后，进入生命的后半段，快速衰减的雌激素水平让女性的皮肤、头发、身材等性别特征变得不再诱人。这种激素水平的变化对大脑产生的影响，引导女性更加关注自身的需要，更加沉湎于自己的内心活动，更加愿意进行“我到底想成为什么样的人”这样的灵性思考。

女性出现更年期抑郁，也许不是坏事，它只是提醒我们，必须顺应身体智慧的指引，开始过一种和之前不同的人生了。

当我们产生这样的需要时，一直习惯于过去模式的家人，会觉得不适应，他们的不理解不配合，可能会更加激怒我们，觉得大家都在“和我作对”。

有位90后“小朋友”找我咨询，她不理解她母亲为什么在最近几年性情大变，以前那么好脾气的人，为什么现在变得火气那么大？以前那么温柔和善的人，怎么现在动不动就“拍桌子摔板凳”？

她的描述让我看见了一位被更年期怒火点燃了的中年女性，这位母亲颠覆了之前扮演了半辈子的“人设”，在用家人难以接受的方式抒发自己的委屈和愤怒。

这样可以吗？当然可以！

我问这位苦恼的女儿：“如果，你母亲用这种方式就可以避免陷入更年期抑郁的痛苦中，你愿意接受吗？”这位女儿想了想说：“那就让她把火发出来吧，真要抑郁了，她就太痛苦了。”

我的观点是，如果非要二选一，“拍桌子摔板凳”还是更年期抑郁，我建议大家宁可选择前者，也不要因为害怕别人的批评而继续沿袭前半生的策略——委屈自己满足他人，每一个经历了半生操劳的女性，有权利发火、发怒、发飙。

同时，如果各位姐妹们愿意寻找一条既不需要委曲求全，也不让家庭关系剑拔弩张的更优方案，我建议大家学习一下如何表达愤怒。

通过对中年抑郁的了解，我们已经知道，每个人都会遇到让自己愤怒的事，而愤怒是憋不住忍不住的，即使暂时按压下去，总有一天它还会迸发出来，所以，学会正确地、聪明地表达愤怒，对纾解情绪非常有帮助。

我的建议是：要表达愤怒，而不要愤怒地表达。

什么是愤怒地表达？

简单说，指桑骂槐发无名火，或者遇到事后毫不节制地发泄情绪，就是在愤怒地表达。

比如，李姐去婆婆家不开心，回家后窝了一肚子气，结果女儿回家后，什么错事也没做，李姐就开始数落女儿：“你看别人家的女儿，谁不是把家收拾得利利索索？哪像你，丢三落四，手机乱放，还要我给你收拾房间。还有，你也老大不小了，男同学男同事倒是处得挺热闹，别整那些没用的，你领回个对象让我看看啊？”李姐越说越生气，声音越来越高，女儿听不下去了，就冲出房间和她吵起来。

什么是表达愤怒？

表达愤怒就是就事论事，针对那个让你产生愤怒的事情表达自己的情绪和态度。

比如，回家后发现洗碗池里堆了一堆脏盘子脏碗筷，而这是你出门前叮嘱丈夫去洗的，此时，他正跷着二郎腿看电视新闻。

你应该怎么办呢？

走到正在看电视的丈夫面前，心平气和地告诉他：“老公，把电视声音关低点，我有几句话想和你说。”然后，坐在他身旁，把你的情绪说出来：“你看，今天出门的时候我嘱咐你把中午的碗洗了，你也答应了，但是现在我一进门，就看见它们还在洗碗池里，我心里很难过，也很生气，我觉得你不体贴我，总是让我一个人承担家务，这对我不公平。之前，我可能就会自己去把碗刷了，今后，我不会那么做了，你最好尽快把那堆脏碗洗干净，不然，咱们今天晚上就饿着吧！”

在表达愤怒时，可以表情严肃，可以义正词严，但不要歇斯底里、大喊大叫，更不要哭天抹泪，你越沉得住气，就越有威慑力。

表达愤怒的核心是让令人误解的无名火变成有针对性的情绪表达，只有你的愤怒让别人理解了，他们才能够看见愤怒背后的你；只有你的愤怒表达得有理有据，他们才愿意反思自己、调整自己。

进入人生下半段，当然不要继续靠心字头上一把刀的“忍”来维系关系、保持平衡，恰当地表达愤怒，让自己的各种情绪得到纾解、流动，就不会陷入抑郁的泥潭中，水流不腐，户枢不蠹，说的就是这个道理。

睡不着的时候，
你在想什么？

“几乎每个失眠的人都有没解决好的爱恨情仇。”

中年女性经常出现睡眠障碍，她们也许变得贪睡，也许常常失眠，大多数人表示，睡眠质量比以前差了。

有睡眠障碍的女性比男性多得多，处在更年期的女性，比同年龄段的男性需要更多的睡眠，即使这样，她们仍表示“没有睡好”。

更年期失眠经常会伴有潮热、盗汗，停经一段时间，随着身体对激素变化的适应，潮热、盗汗渐渐减轻、消失后，失眠却顽固地折磨着许多50+女性。

这就提醒我们，失眠不仅仅和体内激素变化有关。造成失眠的原因非常复杂，医学界人士指出，女性在更年期表现出的失眠、疲倦等症状，往往和一些不良情绪有关，如生气、悲伤、焦虑、怨恨等。

在工作和生活中，我经常接触被失眠困扰的中年女性，她们有的是我的朋友，有的是参加婚姻课程的学员，当她们向我诉说失眠苦恼的时候，我一般会问这样一个问题："你能不能告诉我，睡不着的时候你在想什么？"

听了我的问题，她们往往会停顿几秒钟，像没听懂我的问题似的，然后才慢慢进入思索："睡不着的时候，我在想什么……也没想什么，脑子里乱七八糟的，就是静不下来。"

这时候，我会提醒她们："今天晚上如果还是失眠，在睡不着的时候，要留意自己脑海里出现了什么，你如果能清楚自己在想什么，在为什么而困扰，也许就会找到解决失眠的办法。"

失眠和过去的爱恨情仇有关

我在青春期经历过很长时间的失眠，看过医生，西医说是神经衰弱，中医说是气血不和，于是吃了很多中药西药，有效果，但反反复复，病情很黏缠。

38 岁之后，我开始学习心理学，在多位老师的鼓励下，我开始揭开内心的伤痛，慢慢发现，我和母亲之间的关系是我紧张的来源，她过去对我的伤害，使我的情绪长期处于压抑、愤懑状态，这些没有被释放的情绪，直接影响了我的睡眠。

这个觉察让我有一种恍然大悟之感，怪不得长达十几年的时间里，我总在做同一个梦，在梦里因为不同的琐事和我母亲发生争吵，她不断地指责我，我试图为自己辩解，说着说着就会大哭，好几次从梦里哭醒。结婚几年后，我先生也知道了我的梦境，只要被我的哭声惊醒，他都会拍拍我："怎么，又梦见和你妈吵架了？"

其实，我在现实生活中是很屃的，从来不敢和我妈正面发生争执，吵架、冲突的戏码也只是出现在梦里。

所以，有心理学家很有智慧地说："几乎每个失眠的人都有没解决好的爱恨情仇。"

据我了解，困扰中年女性的爱恨情仇，几乎都与身边最亲近的人有关，和外人的冲突虽然也会影响我们的情绪，但真正长时间困扰我们睡眠的，只有和“自己人”的“未解之仇”。

婉如已经退休了，儿子也结婚另立门户，她和老公退休金很高，正是重新享受二人世界的好机会，但是，她却被失眠折磨得脸色焦黄，身体虚弱。她找到我时，已经认识到单靠药物无法解决她的睡眠问题了。

虽然，她一直表示对现在的生活特别满足，但是，我还是能感觉到她一定是被什么事情“绊”住了。

我说：“我知道你现在过得非常好，但是，也许是你过去受的委屈让你心有不甘，有这种可能吗？”

婉如沉默了许久，长出一口气，缓缓说出她的故事。

原来，她的丈夫在十几年前、40 多岁时有过一次外遇，那个女人她认识，是一个离过婚的女人，比他们两口子年轻七八岁，她的丈夫疯狂地迷恋上那个女人，甚至动了离婚的念头，后来，一方面可能是顾及孩子和家庭，另一方面，那个女人也没有和他结婚的想法，这场婚外恋持续半年多就收场了。

婉如当年没吵没闹，丈夫回归家庭后，就继续过日子，但是，丈夫也从未主动提及那件事，从未向婉如道过歉，婉如在时过境迁之后，也不知道如何和丈夫讨论那件事。

孩子没长大的那些年，婉如每天都非常忙，似乎无暇顾及那件“过去了”的事，而且，丈夫之后再没有出现过类似的情况，所以，那件事就被“遗忘”了。后来，孩子长大成人，成家立业，夫妻两人都退休了，那个没有处理好的“伤疤”就显得格外刺目了。

更年期后，当年被压抑的情绪重新涌现出来，婉如的心里不仅有遭遇背叛的伤心、失望，还有对丈夫不肯表达歉意的愤怒，在这些情绪得不到排解的前提下，治疗失眠的药物当然没有多大的作用了。

失眠和对未来的焦虑有关

我们的身体很有智慧，当周围环境令我们感觉不安时，便不允许自己进入放松状态，而是提醒自己保持警惕，以防在睡眠中被外力伤害。

想一想，远古时候，人类和豺狼虎豹相伴，正是靠着这样的本能才能一代又一代存活下来，这种对危险和不安的防范，是对自己的保护。

现代人仍然保有这样的本能，只不过在本能提醒我们“有危险”“不安全”时，我们常常不去理会，不以为意，于是，本能就用扰乱睡眠的方式来提醒我们——有情况，别睡着。

听从本能的呼唤，我们就会找到让自己夜不能寐的原因。

婉如困在因丈夫背叛所受到的伤害中，如果不对那个事件复盘、解释，她的大脑里的危险报警灯会一直闪烁不停，当然就不会睡得踏实，所以，我邀请她和丈夫参加了我的婚姻课程，在课程的某一个环节，婉如对丈夫说出了憋在心里十几年的委屈和愤怒，丈夫也向她表达了深深的忏悔。自此之后，婉如的失眠得以慢慢好转。

其实，影响睡眠的因素，既有像婉如那样对过去某个事件的不释然，也有对未来可能发生事件的预支焦虑。

比如，如果你一直担心女儿的婚事，对她的将来充满担忧，一想到将来她可能嫁不出去，或者嫁得不好，你就会睡不踏实；或者，你总觉得丈夫抽烟可能患上肺癌，劝他又不听，你预想到将来某一天，他的病会给家里带来沉重的经济负担，他去世后你将会面临可怕的孤独，你肯定也睡不安稳。

如何处理对于未来的焦虑，是人生各阶段的功课，如果用“生命不息、焦虑不止”来形容人和焦虑的关系，应该是恰当的，而对于中年女性来说，对未来的焦虑一般集中在以下几方面：

1. 为儿女甚至孙辈担心；

2. 为自己和家人的身体健康担心；

3. 为家里的财务担心；

4. 为自己和丈夫的关系担心。

对这些问题，我并没有什么可以“一包解忧愁”的灵丹妙药，而且，这些焦虑我都有过，我深知，无论我怎么努力，都不可能和焦虑绝缘。我和大家一样，要学习的是在焦虑和睡眠之间建一道“防火墙”，不要让焦虑之火轻易地烧过来。

怎样建立这样一道“防火墙”呢？

第一，划清和晚辈的关系界限，要相信“儿孙自有儿孙福”，不要以为离了我们，人家就会过不好这一生，也许，少了我们的唠叨、担忧，孩子们可以活出更快乐的自己呢！

第二，身体健康取决于生活习惯，与其整日瞎担心，不如改掉胡吃海塞和熬夜刷手机的坏习惯。

第三，量入为出，不要把生活搞得很贵，家里有粮，心中不慌，不要因为衣柜里没有名牌包包而影响你的幸福感。

第四，要学会主动向伴侣表达感受，当天的问题尽量不过夜，不要带着情绪上床。

失眠是在惩罚“无能的自己”

失眠不仅和过去有关，也和将来有关，还和当下有关。对中年女性来说，放不下的过去有需要释放的情绪，即将到来的明天充满不确定的风险，此时此刻躺在床上，那些扰乱心境的事也是一件接一件，难怪她们是最爱失眠的一群人。

想让当下心安，并不容易，需要我们对过去的自己有交代，对未来的自己有安抚，对现在的自己有看见。

在当下，影响睡眠的不一定是大事，比如，楼上的狗一直在叫，隔壁人家的电视声音太大，丈夫的呼噜声太吵，这些小事都在搅扰我们的睡眠。

造成失眠的因素看起来很复杂，实际上，抛开生理因素，失眠女性大多被同一种情绪影响着——对自己无能的愤怒。

无论我们是对过去伤痛的不释然、不甘心，还是对未来方向的没把握、不确定，以及对邻居的狗叫这种小事的过分敏感，实际上都源自一种挫败感，无法掌控局面的那种挫败感，因为觉得自己无能而产生了对自己的愤怒，看似对他人的不满，实则都是指向自己。比如，对丈夫背叛的愤怒，实际上是对自己没有能力掌控夫妻关系的愤怒；对儿女不听话的愤怒，实际上是对自己没有能力让对方完全服从的愤怒。

很多心理咨询师用这样的例子启发他们的来访者：

“打雷声和飞机的轰鸣声一定比邻居的狗叫声音大，但你为什么不会在雷雨天或者乘飞机时被那些声音激怒呢？因为你不认为自己有能力掌控老天打雷或者飞机轰鸣，但是，你却以为可以掌控邻居的狗叫，实际上又无能为力，所以你才会愤怒。”

当你明白自己不可能去堵住那只不懂事的狗的嘴，又不为自己的“无能”感到愤怒时，狗叫声就没那么刺耳了；同理，当我们对于过去的事可以释然，对于未来的事不再焦虑，就不会“故意”用失眠来折磨、惩罚“无能的自己”了。

心安才能睡得安稳香甜，心安的前提是看清自己是“有限”的人，不是“无限”的神，放下掌控力无边的妄想，才不会因为妄想不能实现而产生愤怒。

美国妇科专家克里斯蒂安·诺斯普鲁告诫中年女性：“中年时期的生活教会我们这样一个真理：生活的许多方面，包括同事、家庭、孩子和工作都不是我们所能控制的，真正的精神健康应该是在确定与不确定因素间保持平衡。中年时，许多早年一直很好控制的因素必须为现实中的另一些东西让步。我们必须学会相信自己，至于那些看不见、摸不着、无法预测的东西，就随它们去吧。”

安稳的睡眠一定是在接纳自己之后才会发生的。被失眠折磨得有多严重，就说明你对自己有多么不接纳。如果可以在更年期阶段从失眠的烦恼中看清自己的某些内心真相，并对下半生的展望更加平和、自然，学会不为难自己，也不为难他人，那这个阶段短暂的失眠就是命运给中年女性的礼物。

中年减肥，
从“心”开始

减肥是需要周密规划的，也是需要长期坚持的。只有把照顾好自己当作首要责任的人，才能去完成这个并不轻松的挑战。

2017 年漓江出版社出版了我写的《我减掉了五十斤！——心理咨询师亲身实践的心理减肥法》，书的读者绝大部分是女性，当当网上有上千条评论，很多读者表示，通过我的书才第一次认识到原来减肥和心理因素关联很大。

这是一本和减肥有关的书，也是一本和心理疗愈有关的书，我的减肥经历让我深刻地认识到，如果不能对过去的心理伤痛有治疗，造成肥胖的心理因素就无法得到修正，减肥就不可能顺利进行。

我 38 岁开始减肥，用五六年时间减掉了 50 斤，到现在已经过去十几年了，我的身材一直保持得不错，身体各项指标都非常好，让周围同龄的女性朋友很羡慕。

对于 50+ 女性来说，有没有减肥的必要？怎样减肥才能不对健康造成损害？这些问题是我一直思考的，也有许多经验想和大家分享。

我必须说，中年女性的体重和身体健康关系很大，如果超重很多，减肥绝对有必要。

千万不要听信这样的话——“胖瘦没关系，健康最重要”，实际上，很多影响中年女性健康的疾病都和肥胖有关，如高血压、高血脂、心脏病、糖尿病、关节病等等，必须认清胖瘦和健康有关系，才会对减肥有正确的认识。

对于中年女性来说，减肥不是模仿年轻人赶潮流，更不是爱美不要健康，而是为自己后半生的健康和幸福做出积极的改变。

中年发福可能是“压力肥”

中年发福的“福”字对大家是个误导，明明是发胖了，用“福”字来掩饰一下，竟然让人感觉发胖是个有福气的好事，说明生活质量高，日子过得不赖。

其实，中年发胖虽然很常见，但却不是好事，很多女性虽然认识到了这点，但却苦于不知如何把多余脂肪减下去。

要想把多余的肉肉减下去，就要先弄清楚它们是怎么长出来的。

中年女性为什么容易发胖呢？

首先，和激素变化有关。

更年期女性的新陈代谢率比以前降低了 10% ~ 15%，这使得身体更容易把脂肪储存到细胞当中去，难怪好多女性抱怨，自己的饮食和活动没什么变化，体重却有所增加。

激素变化会带来很多身体指标的改变，不仅让女性有潮热、烦闷、失眠等症状，也让她们的体重变得不好控制，这是进入中年之后的女性不得不接受的。

其次，和压力有关。

压力会影响食欲，也会影响血糖，很多女性长期处于较强的压力之下，难免会出现令人懊恼的“压力肥”“过劳肥”。

如果说激素变化是女性不得不接受的身体变化，那么如何为自己减压就成为女性减肥时应该着重思索并实践的方向。

我的一位朋友凡姐，年轻时身材婀娜，很让人羡慕，中年之后，足足长胖了40斤，双下巴，大脸盘，水牛背，动一动就出汗，身体机能也在下降，她为此很苦恼。

凡姐是家里的长女，从小就学会了照顾弟弟妹妹，后来，父母去世了，她成了家里的“代理母亲”，已经成年的弟妹一有困难就找她，尽管她现在已经做祖母了，自己家的事也很多，仍然要为弟妹们操很多心。

凡姐总觉得谁都离不开她，她要是不出手，一定会发生大麻烦，所以，整天处于压力状态下，饮食、睡眠都很受影响。

对她来说，食物是解压“良药”，大快朵颐时，她才可以在重重压力下让自己缓缓神，所以，如果她不能从根本上改变对责任和压力的认知，减肥几乎不可能实现。

先照顾好自己

医学研究表明，位于腹腔神经丛区域的第三情感中枢影响着所有的消化器官，包括胃、肝、胆囊、小肠和大肠上段，通常，有体重问题的女性在第三情感中枢都有着难以解决的问题，第三情感中枢的健康依赖于对自己的责任感和对别人的责任感的平衡。

中年女性沿袭上半生“奉献自我”的策略，对他人过度付出，在对自己和对他人的责任感中，没有去寻找新的平衡点，忽视了照顾自己的责任，往往会带来饮食平衡不佳以及体重失控的局面。

如果你正在为减肥而苦恼，我建议你先问问自己：是否尽到了照顾好自己的责任？为什么你总觉得别人离不开你的帮助？

我当年之所以能够减肥成功，就是意识到我的肥胖不仅和饮食习惯有关，也和责任感边界模糊有关，于是才痛下决心，不再被亲情绑架，不再竭尽全力满足他人的期待，终于摆脱了靠过量食物来抚慰自己的坏习惯。

不少中年女性和我有相同的困惑，她们在处理自己和原生家庭的关系以及婆媳关系、夫妻关系甚至和儿女的关系时，往往分不清自己的责任和别人的责任。在中国，为人妻为人母的女性，如果不去更多地承担责任，就觉得自己不是好妻子好母亲，在这个前提下，中年女性因责任感边界模糊而造成饮食失衡、身体发胖就不足为奇了。

和年轻时不同，我们在人到中年后，要学习的是如何照顾自己而不是如何照顾别人，这个观念转变和减肥能否成功关系很大。

减肥是需要周密规划的，也是需要长期坚持的。只有把照顾好自己当作首要责任的人，才能去完成这个并不轻松的挑战。如果你仍然把自己放在靠后的位置，减肥就变成了一件可有可无的小事。

委屈感是减肥大敌

缺少自我接纳的人会表现得过分需要他人的认可，为了获得这种认可，就会过度付出；过度付出后，往往又觉得没有得到相应的回报，于是，就会感到委屈。

心理减肥理论认为，在减肥过程中，能够对健康饮食计划进行毁灭性打击的是一个“邪恶三人组”，它们分别是委屈感、饥饿感和借口。这三个“家伙”单独行动没什么威力，但只要它们凑成团伙，就没有打不败的对手，意志力再强的人也难以抵挡他们的攻击。

简单地说，如果你的心里一直藏着委屈，在某个感觉饥饿的时候，你一定会很快就找到借口大吃大喝，从而放弃减肥计划。

对付“邪恶三人组”的三个成员，策略是有所不同的。对于“借口”，虽然它层出不穷，开心的事或者不开心的事都可以被当作放弃减肥计划的借口，但并不需要格外在意，它本身是无害的；对于“饥饿感”，需要找到应对的办法，但它并没有那么难对付；要想阻止“邪恶三人组”组团作恶，最艰难的一仗其实是消灭藏在减肥者内心深处的“委屈感”。

如果一个人感觉自己的付出和得到是基本平衡的，就不会有委屈感，那么，这个平衡如何建立呢？错误的方式是妄图从别人那里增加“得到”，想让别人给自己更多的认可，用来和自己的“付出”达成平衡，但是，我们怎么可能控制别人的看法呢？所以，正确的方式应该是减少超出自己能力和心愿的过分“付出”，这样，就不会那么期待别人的强烈认可，付出和得到可以相对平衡。

一个对自己有充分接纳的人，才会不那么在乎别人的认可，只对他人给予适度的付出，这样，才不会在付出和得到不成比例之后产生委屈感。

从这个角度看，很多中年女性就是因为过度付出之后产生了深深的委屈感，在减肥过程中，“委屈感”和另两个成员“饥饿感”和“借口”不谋而合，组成“邪恶三人组”，使得所有减肥计划都无法得以进行。

减肥需要先接纳自己

● 首先，要接纳自己的过去

如果一个人对过去充满不甘、懊悔或者遗憾，就会在潜意识里想在当下的生活里进行弥补，这种弥补不是指向现在而是指向过去的，往往会妨碍当下的幸福。

杰西的童年非常贫困，经常饥一顿饱一顿。长大后，她非常上进，事业发展得很好，看起来拥有一切的她，对穷苦的过去一直不释然，她没有意识到，她超强的购物欲和食欲都是想对匮乏的过去进行弥补，所以，深陷肥胖和购物瘾的烦恼。

如果她可以接受自己的过去，认识到正是那些痛苦的经历让她具备了上进心和忍耐力这两大成功特质，她对童年的态度就会从遗憾变成感谢，这个认知的转变将帮助她把购物欲和食欲慢慢拉回到正常水平。

● 其次，要接纳现在的不完美

中年时期如果能认识到，无论你多么努力，你的生活都不会实现完美，所谓的中年压力就会小很多。

“实现完美”就像悬在小毛驴眼前的一根胡萝卜，永远是看得见、够不着，这个不可能实现的愿景，牵着我们奔波劳碌，无心欣赏身边的风景。

千万不要再说这样的句式——“等到怎样怎样就好了”。这个“怎样”可能是换了大房子，可能是儿女结了婚，可能是孙子上了小学，但是，听我一句劝，等到你想要的那个“怎样”实现了，你一定会有新的不满意，那个所谓的“完美”

或者“更好”的生活永远不会出现，你要学习的是，接受每一个真实的现在，享受转瞬即逝的此时此刻。

对“完美”的幻想会让我们挑剔自己、苛求自己，总觉得现在不够好，自己不够好，被挑剔和苛求之后，心里怎会不觉得委屈？委屈之后，用食物补偿一下就显得理所当然了。

在饿和不饿之间找到平衡

对于破坏减肥效果的“邪恶三人组”，在学会用自我接纳来对付“委屈感”这个“恶人”之后，我们还要应对“饥饿感”。

和我年龄相仿的50+女性，大多出生于20世纪60年代、70年代，一般来说，在那个年代长大的人都有挥之不去的饥饿记忆，“怕挨饿”是那一代人的集体潜意识，换句话说，现在我们对饥饿感的恐惧是脱离现实的，是小时候挨饿生活的创伤后遗症。

减肥一开始，最先要消除的是“饥饿—恐惧”的心理回路，要提醒自己：现在是丰衣足食的时代，你不会因为少吃点就被饿死，也几乎没有人因为吃不饱而生病，当今年代，吃得太撑才是百病之源。

我当年减肥时，曾经用断食 24 小时来让自己剪断对饥饿感的病态恐惧，正像轻断食专家所指出的：彻底饿过一次，就再也不害怕饥饿的感觉了。

在我尝试断食 24 小时之前，饥饿带来的恐惧就好比一口深不见底的井，深到让我害怕，断食就好像用绳子拴了块石头扔到了井里，探底之后才发现，井不深，完全在绳子的长度之内。

不害怕饥饿感是减肥成功的心理前提，但是，从战术上讲，尽量不要让自己太饿，才能让减肥坚持下去。减少米、面等碳水化合物的摄入是减肥者需要遵循的原则，与此同时，必须增加蛋白质的摄入才能让自己不会整天被饥饿感折磨。

鸡蛋、鱼虾、豆腐、鸡肉等富含蛋白质的食物非常具有饱腹感，也很耐饿，所以，减肥食谱里除了要有丰富的蔬菜水果，一定不能少了蛋白质。

总之，减肥不可能一点都不为难自己，但也不能太为难自己，要学会掌握一种弹性的平衡，如果我们从心理上不再害怕饥饿感，从方法上学会控制饥饿感，用中年人的智慧去建立新的、更健康的饮食习惯，减肥就一定会有成效。

中年减肥的收获不仅是重获苗条的腰身，它还会为你带来重新把握生活主动权的心理自豪感，以及漂亮的体重数字所代表的健康保障。

有一个特别简单的测算法可以估量自己的体重是否正常，即身高减去 105cm，比如，某人身高 165cm，减去 105cm，60 公斤（120 斤）就是她的标准体重。

中年女性未必要追求比标准还轻的体重，超出标准体重 10 ~ 15 斤是可以接受的，但是，超出 20 斤，甚至超出三四十斤，就需要引起高度重视了。那不是美不美的事，而是健康不健康的问题了。

读书时间

用成长和意志代替衰老

——读《更年期的智慧》

这是一本我读了至少 20 遍的书，我也把它推荐给好几个面临更年期困境的好朋友，她们读完之后，都说获益良多。

2007 年，我 40 岁的时候在书店发现了这本书，吸引我的是封面上的一行广告语“彻底颠覆妖魔化更年期女性的巨作”。刚刚进入中年的我，对于更年期有一种莫名的恐惧，经常会听到有人在背后议论某个情绪失控或者性格怪异的女性是“更年期了”“更年期提前了”，再加上亲身经历过我母亲更年期前后喜怒无常而给家人带来的困扰，我对自己迟早会到来的更年期如临大敌。

一向喜欢未雨绸缪的我，买下了这本《更年期的智慧》。

我必须夸自己一句，这个决策太英明了，这本标价35元的书带给我的价值实在无法测算，因为这本书，让我对更年期可能会出现的心理和生理的改变有了全面而细致的了解，我就像提前知道考题的学生，在10年后进入考场，真正开始更年期之后，对很多状况早有准备，因而，不慌不忙，从容应对。

你如果现在准备看这本书也一点不晚，我在停经之后的这几年还会经常读它，每次阅读都有新发现，新领悟。

一、对更年期的态度，从恐惧、排斥到接纳、欣喜

更年期意味着衰老、病痛、被人嫌弃，这个古老观念似乎从上一代女性延续到了我们这一代，很多女性觉得只要一停经，身体就会出现“断崖式”衰老，性格也会变得怪僻乖张，相貌就更不用说了，不长胡子就不错了，哪里还会保持动人的容颜？

《更年期的智慧》带给我们一种全新的观念：更年期是一个完全正常的生理过程，并非需要治疗的疾病，女性的健康和快乐，更多地取决于信念和态度。

读这本书之前，我对更年期的想象就是两个字——失去。

失去生育能力、失去吸引异性的能力、失去年轻的活力、失去健康、失去头发的光泽、失去皮肤的水分、失去肌肉的弹性、失去生活的乐趣……对于一个必将到来的、充满一连串失去的生命阶段，我的内心是恐惧和排斥的。

克里斯蒂安博士的这本书彻底颠覆了我的悲观想象。

她告诉我们，更年期会有很多意想不到的收获，最大的收获是因为激素的改变对大脑的刺激，女性将获得之前所没有的非凡的洞察力和强烈的表达欲。“更年期后，女人更加强大、平和，无论从判断力到思考和处理问题的能力，都远比年轻时更高明。”

书里的观点特别鼓舞人，她说：“女人与其充满恐惧地逃避或利用各种非自然手段推迟它的到来，不如正视它，有意识地参与，并切实允诺在更深的程度上改变和治疗我们的身体、思维和精神，那么，更年期将是一个激动人心的发展阶段。”

我的亲身经历也验证了这点，停经三年，我没有变老，仍然很有活力，更年期大脑改变所赐予我的洞察力和表达欲，让我开始了写作，一年一本书的速度是我年轻时都不敢想象的，而且，我对自己有了更强的好奇心，也更加有勇气说想说的话，做想做的事。

这本书的作者克里斯蒂安·诺斯鲁普，是一位从事更年期研究工作20多年的美国医学博士，她不仅有着扎实的医学功底，还掌握了大量的临床案例，她在书里讲了她自己的更年期故事，也讲了很多她在临床诊疗中接待过的女性的故事。通过她理性的科学论证和感性的故事描述，让每一位阅读的女性都有一种“闺密是个医学专家”的窃喜：你知道她是真正的专业人士，所以，相信她会帮到你；同时，你又确信她是懂你的，所以，她会给你适合的建议，而不是冷冰冰的说教。

我觉得，对待更年期，首先要改变观念，其次还要寻找方法。《更年期的智慧》这本书，由于作者不仅是行医20多年的妇科专家，还是一位富有超强同理心和感悟力的女性，她不仅有能力用科学的认识解决女性的观念问题，还有能力给出科学的方法，最难得的是，她不仅告诉了我们更年期有可能会遇到的多种问题的具体解决方案，还在全书贯彻一个思路，那就是不断地启发女性读者，努力学习掌握一种更有智慧的思考方法和解决问题的能力。

二、当我知道我为什么不舒服时，不舒服竟然好多了

更年期女性都知道，这个时期，全身上下总会有各种不舒服、不得劲，没有严重到立即去医院的程度，但足以让人情绪低落甚至紧张，吃饭不香，睡觉不沉。这个时候，怎么办？一般人肯定是忍着，皱着眉，黑着脸，谁关心自己就吼谁，把家人得罪个遍。

有了这本《更年期的智慧》，你就再也不会这样了。

我给这本书起了个名字叫《更年期 108 种不舒服应对手册》，它的小标题特别多，比如，“接受绝经时气愤背后的信号”“空巢综合征”“激素入门，每位女性都应知道的基础知识”“更年期使用草药的基本原则”，等等。你可以把这本书当工具书来用，遇到问题就按照小标题查找对应的章节，看看妇科专家的解释和建议，很多时候你会因为心中有数而不再慌张。

我在绝经后的半年时间，一直感觉后脑勺发热发烫，整个头昏昏沉沉，翻开书一看，第二章的标题是“大脑在绝经时着火”，简直太准确了，我真的感觉到那种“着火”的滚烫了。迫不及待地细细品读，这一章用 9 个部分解释了更年

期激素变化对大脑和思维的影响，不仅告诉了我“雌激素和孕激素水平的波动影响了大脑的颞叶和边缘系统区域”，还告诉我如何“识别和留意唤醒我们的信号”，当我明白我为什么不舒服，同时明白这些不舒服的信号是在提醒我关注自我，重新思考“我想成为怎样的女人”这个重大问题，我的不舒服竟然很快就减轻了。

我的一个朋友，被子宫肌瘤困扰多年，直到她读了这本书，许多困惑一下子就解开了。

她告诉我，当她读到“我们同时存在雄心和对爱和认可的需要，它们在体内的创造中枢形成了僵局，并在一定的环境作用下，演变成子宫肌瘤”时，竟然泪如雨下，她觉得她被说中了，她就是因为既想在公司高管的职位上一展身手，又害怕丈夫感到压力，再加上对孩子总是充满愧疚，才让身体出现了“僵局”。

书中非常详尽地介绍了子宫肌瘤的病理和治疗方法，这对她的帮助也很大。最重要的是，她不害怕了，也看清了自己遇到的挑战，并且，在积极治疗的同时，和丈夫孩子做了充分的沟通，消除了很多隔阂和误解。

三、认知变成行动，改变才能发生

有些人有这样的坏习惯，每当别人给 Ta 推荐了一个解决问题的方法，Ta 不肯尝试却说“没有用”，似乎，Ta 的问题无人能解，可以显得 Ta 更独特。

其实，绝大多数的人遇到的问题都是有共性的，而且是有解决方法的，关键是要把认知变成行动。

《更年期的智慧》用许多事实和案例帮助我们的认知发生改变，也提出了很多建议和方法，比如，“控制中年体重五步骤”“点燃性欲的 9 种方法”“发挥中年智慧的 8 条妙计”“如何关爱中年的心脏”，等等，看完之后，愿意在实践中去尝试，才会不辜负作者的一片真诚。

对我影响很大的是书中提出的“发挥中年智慧的 8 条妙计”，当然，是在我学以致用之后。

1. 把自己当作一个更年轻的人，而不是更年期的人，永远不要说“我现在老了”之类的话。

2. 积极用脑，接触社会，新观念、新环境、新面孔能够促进精神健康，促进大脑神经元的生长。

3. 生活充满乐观，不仅可以对抗抑郁和痴呆，而且更健康更长寿，健康的态度带来健康的大脑。

4. 用思维和行动积极调整人格，自我封闭和悲观想法都和早死、早残有关，学会建设性地看待生活中的困难，就会减少焦虑。

5. 养成健康的幽默感，多看幽默书籍、喜剧电影。

6. 健康饮食，定期锻炼，可以和喜爱运动的人一起运动，既可以保持锻炼习惯，又保持了社会关系。

7. 充分表达你的情感，抑制情感会导致心脏病和动脉硬化。

8. 永远不要退休，生命中的每一天都不要停止工作，你可以从某个公司的工作岗位上退下来，但要找到你感兴趣的事情来做，无论是否有报酬。

毫不夸张地说，这 8 条妙计我都一一实践了，真的有用，真的好使，特别是最后一条，“不要停止工作”，让我非常受益。

我年轻的时候，因为工作太繁忙，经常幻想早点退休，认为什么都不干的日子一定很惬意，其实，我需要的是休息，而不是彻底地什么都不干。中年之后，我反而不再向往那种有过多闲暇的生活，没有感兴趣的事情可做而产生的那种疲累，更让人难以忍受。

我一直保持着适度的忙碌，写书、讲课、接受咨询，几年下来，和那些从工作岗位上退下来后就真的什么也不干的人比起来，我似乎精力更足，状态也更年轻。

所以，《更年期的智慧》是一本既有知识启发，又有实践指导的书，不仅需要我们读明白，还需要我们行出来。

更年期是现代女性的“福利”，纵观人类历史，大多数女性死于绝经期到来之前，现在女性平均寿命在 78 ~ 84 岁之间，未来还会更长寿，这意味着绝经之后女性还要继续生活 40 年左右，所以，我们既要珍惜时代的“福利”，也要非常清醒地认识到，能否安稳度过更年期，也许决定了后半场人生的基调，是生机勃勃还是衰弱颓丧。

《更年期的智慧》中引用了哈佛大学心理学家埃伦·兰格在她的著作《留心》中的一段话：“我们后半生所经历的、规律的、‘不可逆’的衰老周期，可能是一个人应如何衰老的某种假说的产物。如果我们不强迫自己遵循这些思维框架，我们可能还有机会用成长和意志代替衰老。”

我这样理解这段话，我们如何衰老就和我们如何活着一样，不应该被定义，被规范，传统观念里的人老了就应该做什么或者不应该做什么，不是一种必须遵守的约定俗成，只有打破固有思维模式，怀着不到生命最后一刻绝不放弃成长的勇气和智慧，我们的后半场人生才会是另一番精彩。

Part 3

彼此相爱，智慧相处

慷慨还是吝啬，友善还是刻薄，健谈还是寡言……几乎人的所有品质都是在和他人的互动中体现出来的。失去了关系的土壤，独自一人离群索居，人性的优劣便无从评价。

处理好各种人际关系是人的一生中无法躲开的功课，社会心理学告诉我们，一个人的幸福感不是来自财富或成就，而是来自重要的人际关系。所以，提升自己处理关系的能力，就是提升幸福的能力。

人生迈入半百之年，旧的关系需要调整，新的关系需要建立。如果缺少觉察，总是就事论事，就很难借着不同的关系问题看到自己。关系的核心是自己，自己有改变，关系才会变。

夫妻关系、婆媳关系、和父母的关系、和儿女的关系，每一种关系里都有感情的流动，也有权利的博弈。看清自己在关系中最在乎的是什么，了解别人在关系里最想要得到什么，才能既有坚持又有退让，让自己在不同的关系里甘之如饴，也让对方在关系里舒坦自在。

一段美好的关系，既需要彼此相爱，也需要智慧相处，不然，就会时不时上演“相爱相杀”的戏码，那样，关系中的每个人都无法轻松地获取幸福的养料。

相爱似乎是本能，相处却需要学习，相处智慧的核心是能够看见关系中的对方，而不是把他们当作自己愿望的投射。每一段深刻的关系都必须是两个人的真我彼此触碰、连接，那样的关系，就是令人神往的心心相印。

过好婚姻
下半场

既然你决定和这个男人携手下半场婚姻，那就要摸索出一条两个人都不累的相处方式，放下对他的过高期待，主动表达情绪和感受，清晰地提出你的要求，让陪伴变得轻松自在。

我和先生是 1994 年 10 月结婚的，在上半场婚姻的 20 多年里，我们在情感账户里积累了很多财富，也遗留下一些难题。因为对这些问题缺乏共识，我们在银婚纪念日之前的大半年时间多次发生剧烈争吵，所幸后来彼此都有退让，在无数次推心置腹的交谈之后，历史难题一一得到解决，我们带着轻松和喜悦开始了下半场婚姻。

有一天吃早饭的时候，我穿着家居服，头发乱糟糟，我先生突然冲着我说了一句：“老婆，我越来越爱你了。”我愣了一秒钟，然后哈哈大笑：“你现在已经审美畸形了，对着黄脸婆都能说情话了。”

我懂他的意思，这何尝不是我没有说出口的情话呢?

之所以会在银婚纪念日之前发生争吵，是因为我主动挑起了“战争”。我把银婚看作婚姻上下半场之间的节点，那些上半场的历史遗留问题如果再得不到解决，一定会在下半场继续“骚扰”我们的情感和生活，所以，我几乎是“逼迫”着我先生和我一起面对那些回避很久的令人不快的问题。

不得不说，婚姻关系在妻子接近或开始更年期时，很可能会发生一些变化，有些婚姻因此而解体，有些仍在维持，有些则通过盘整和修复走上了新生。正是看到了周围很多同龄人的婚姻经历了不小的震荡，我才对下半场婚姻如何开始格外重视。

《更年期的智慧》一书中说：“关系危机是绝经的一个普遍不良作用已经不再是什么秘密，通常这是在这一转变时期女性身体内出现激素变动所引起的激进结果。然而，很少人知道或了解的是，当这种激素驱动的变化影响大脑时，它赋予女性一双更加锐利的、观察不平等和不公平的眼睛，以及一张坚持把这些讲出来的嘴。换句话说，它赋予她们一种机智和勇气去发出自己的声音。”

我不仅对这个观点深以为然，而且，切实感觉到自己变得敏锐和勇敢了，所以，我选择把问题说出来，为的是不在下半场婚姻里继续被它们困扰。

争取更好还是避免更坏

写下这个小标题之前我是犹豫的，就像我在接受一些中年女性关于婚姻的咨询时，总在犹豫：要不要提醒她们，在决定做什么之前，先判断一下努力的方向，是要争取更好，还是避免更坏？

什么是争取更好？

我的上半场婚姻虽然也有一些需要处理的问题，但关系中并没有恶性事件发生，总的基调是愉快、明朗的。我和先生感情基础很好，彼此都非常在乎对方，都想把婚姻经营好，所以，我们俩都想努力去解决上半场的遗留问题，让我们的婚姻变得更好。

如果你的婚姻状况和我相似，两个人关系融洽，彼此对婚姻的重视程度差不多，只是有一些沟通上的问题，或者，存在一些在上半场积累的小恩怨，那么，你就可以朝着“争取更好”的方向，去积极地改善沟通方式，耐心地和丈夫一起探讨那些还没有放下的陈年往事，把困在过去的情绪释放出来，哪怕那些情绪里夹杂着恨意，也不要怕。要记住，当恨被允许表达，爱意才会源源不断地流淌出来。

我和先生经历了这个过程，我们都感觉在释放了对对方的不满甚至恨意之后，更爱对方了，也更加珍惜对方了。

什么是避免更坏？

有些女性的婚姻可能不是很乐观，要么是感情基础不太好，历经多年的耗损，进入中年之后，早已变得麻木疲惫，双方对解决陈年问题的意愿和能力都不强；要么是婚姻中曾经有过恶性事件发生，比如出轨，事件发生后没有进行很好的复盘，该道歉的不道歉，该原谅的没原谅，而且，至少有一方不愿意为解决问题而努力。在这样的前提下，把“争取更好”当作对后半场婚姻的期待，就显得有点不现实。

对有些婚姻来说，能够避免更坏，已经是很好的选择，与其不切实际地对婚姻抱过高期待，不如接受现实，这样，就不会有期待落空后的失望，导致婚姻向更坏的方向发展。

金女士的丈夫曾经多次出轨，长达十几年的时间，她一直在忍辱负重挽救婚姻，这几年，丈夫的生意不怎么赚钱，人也一天天老了，这才慢慢收心回家。

丈夫回归家庭后，其实一直热情不高，对她的态度也是不冷不热。但是，金女士对婚姻一直期待很高，总希望过那种夫妻恩爱、琴瑟和鸣的生活，她常常抱怨丈夫不懂她，过生日没给她买礼物，等等。

在这种情况下，金女士也许仍然很爱丈夫，但必须承认，丈夫未必那么爱她，而且，多次出轨早已经对婚姻造成了不可挽回的伤害。目前，两个人既然都有继续搭伴过日子的打算，不想离婚，那就安心把日子过好就行，想清楚这点，就会把经营婚姻的方向定为“避免更坏”。

金女士无疑是想“争取更好”，但婚姻关系是两个人的事，只靠一方的努力是不可能实现的。

当我“残忍”地告诉金女士这点后，她哭了，有点不能接受。

过了很长一段时间，金女士再次找到我，告诉我，她想通了，的确不能再在丈夫身上浪费时间了，她终于发现，或者说愿意承认，丈夫的心早就不在她身上了，如果对方不想和她变得亲密，她再怎么努力都没有用。

想通之后的金女士变得不爱纠结了，她不再渴望丈夫能送她礼物或者读懂她的内心，而是，开始在老年大学学书法、学绘画，周末经常和以前的同学同事聚餐、唱歌，不仅日子过得更开心了，性格都变得更开朗了。

降低期待是幸福的选择

无论上半场婚姻怎么样，下半场婚姻开始后，都应该调整对婚姻、对伴侣的期待，夸张地说，能否降低期待是决定下半场婚姻幸福的关键。

《亲密关系》一书的作者克里斯多福·孟说：“通往地狱之路，是用期望铺成的。”他在书里告诫人们，期望等于愤恨的前身，因为，未被满足的期望极有可能变成愤恨。

在婚姻的上半场，我们已经领教过对伴侣失望的滋味了，即使婚姻幸福美满的人，也一定在很多瞬间萌生过被失望催生出的离婚的念头吧！

年过半百的我们，进入婚姻下半场之后，应该看清一个事实，那就是，伴侣不会因为我们的期待而变得更好，婚姻不会因为我们的期待变得更如意；相反，我们却会因为期待得不到满足而对伴侣、对婚姻更加不满，也就更加不会快乐。

试想一下，事业心不强的男人怎么可能在50岁以后变得锐意进取呢？不会说甜言蜜语哄你开心的丈夫怎么可能突然变得情话绵绵呢？一直关系疏离的夫妻如何变成无话不谈的灵魂伴侣呢？有很多事，年轻时都做不到，在变老之后只能是更加做不到啊。这是规律，必须接受。

同时，也要看到，没有满足我们的期待，并不一定是伴侣的错。

满足我们所有的需求并不是伴侣的责任。年轻时，对爱人说“你既然爱我就应该怎样怎样”尚且不够聪明；人到中年之后，如果还要求伴侣“爱我就必须满足我的期待”，就显得更加愚笨和迟钝了。

我和我先生在多年的婚姻中都被对方的期待折磨过，也为对方没有满足自己的期待而失望、愤怒过，庆幸的是，当我们认识到自己对伴侣的某些期待是破坏关系的炸弹，必须放下，我们的婚姻才渐入佳境。

他对我一直怀有一个期待，就是希望我可以和他母亲能够亲如母女，尽管我对婆婆大人尊敬有加，每逢过年过节都有礼物奉上，每次去探望也都会亲自下厨，但是，他仍然不满意，觉得我和他妈“不亲”。

我无法满足他的期待，他为此怨我，我则觉得是他强人所难。

我对他的期待是能够读懂我没有说出口的情绪，理解我每一次不开心背后的缘由，他当然做不到，也觉得我无理取闹，我却认定他不够爱我。

沟通之后，他放下了对我的期待，承认我完全尽到了一个儿媳妇的责任，他对我的过高要求其实是想弥补他自己常年离家在外对父母的愧疚；我也放下了对他的期待，不再要求他会“读心术”，而是学习如何表达情绪和感受。

爱和表达，缺一不可

中国有句老话，“少年夫妻老来伴”，走到婚姻下半场，生儿育女、打拼事业的责任已经基本完成，两个人有更多时间相处，但是，有些夫妻却陷入一种“见不得也离不得”的尴尬，谁也离不开谁，在一起却吵吵闹闹、磕磕绊绊。

许多女性也许犯过我当年的错误，自己不会表达，却要求对方读懂自己。我们似乎对男性存在一种高估，以为他们会因为爱情而掌握“读心术”，实际上，男性在捕捉他人的情绪和感受方面，比女性差远了，你不说出来，他真的不明白，这和爱不爱你没有半点关系。

我放弃对丈夫的幻想和期待后，不再把焦点放在“他为什么不懂我”，而是努力学习“我怎样做可以让他更懂我”。

我觉得，一个家庭里，妻子更有优势成为爱的主动者，因为她们更敏感，更细腻，更愿意主动表达情绪。

我想让丈夫经常对我说“我爱你”，软硬兼施没有效果，直到我学会主动对他说“我爱你”，才看到他是那么愿意回应我；我曾经希望他在我下班回家后能看到我的疲乏，主动嘘寒问暖，失望多次后，调整战术，改为主动“索要”温暖和关心，我会说：“老公，今天我好累，我啥也不想干，就想让你伺候我，可以吗？”没想到他欣然应允，乐呵呵地给我做饭，还贴心地帮我端来洗脚盆，让我泡脚解乏。

既然你决定和这个男人携手下半场婚姻，就要摸索出两个人都不累的相处方式，放下对他的过高期待，主动表达情绪和感受，清晰地提出你的要求，会让陪伴变得轻松自在。

比如：你想让他倒垃圾或收拾家，就直接告诉他而不是指桑骂槐：“这个家是我一个人的？乱成什么样了，你看不见啊？”你想让他给你买生日礼物，就在生日前一周提醒他：“下个星期本女王过生日，你最好抓住机会好好表现哦！”

女性如果愿意在婚姻中学习做一个表达高手，获得幸福的能力就会越来越强，到那时候，你会发现，干吗可怜兮兮地等男人来哄自己啊，女性完全可以做情感的给予者，两性关系的带动者，以及家庭气氛的创造者。

下半场婚姻，该女人说了算！

厘清
和父母的关系

我们的生命完全是自己的，身体是自己的，心灵是自己的，情绪情感也是自己的，我们有责任保护自己的身心健康，有权利活得开心自由。

拜这个长寿时代所赐，很多50来岁的人，父母都健在，这当然是好事，但也是之前时代的人没有遇到过的挑战。

这个挑战在于，我们尽管已经呈现初老状态，眼睛花了，头发白了，身体的各项机能都在衰退，但是，面对年龄更长的父母，仍然是没有资格叫苦叫累的“小字辈”。

有些女性和原生家庭关系一直良好，老父亲老母亲懂得心疼孩子，她们可能会感觉轻松一些；另一些女性，和原生家庭有很多未解的恩怨，上了年纪的父母仍然有很多难以满足的无理要求，她们处在“上有老下有小”的夹心层，就会处境艰难。

据我了解，这一代女性更多地处在后一种处境中。

我们的父母一般出生在20世纪三四十年代，年龄七八十岁。他们的一生经历了从旧中国到新中国的变迁，经历了包括“文革”在内的社会动荡，在改革开放之前，过了很多年艰苦日子，内心也有许多创伤，他们在生活的重压下本就自顾不暇，又何谈体贴和关照儿女的情感、心灵？能让孩子们不饿肚子，一个个全须全尾地长大成人，已经让那一代父母竭尽全力了。

另一方面，传统的孝道文化强调“天下无不是的父母”，这就让那一代的有些老年人，不惮于苛刻地强求儿女既孝且顺，作为儿女的50+们自然会感到难以招架。

最难的是身为女儿、儿媳的50+女性，自己不年轻了，体力精力大不如前，却要担负起照顾孙辈和赡养老辈的双重责任。丈夫若能有所分担，苦累也许稍可减轻；丈夫若指望不上，50+ 女性很容易被日常烦累折磨到崩溃。

没人有权利伤害你，包括父母

因为工作关系，很多中年女性和我有过倾心交谈，一般来说，她们的心理问题有两个根源，一个是原生家庭的父母，另一个是自己的丈夫。和丈夫如果实在过不下去，还可以一离了之，和自己的亲爹亲妈关系不好，怎么也不可能断绝关系吧？

于是，不少年过半百的女性仍然在经受来自老父老母的责难、苛求，她们忍得很艰难，不忍又没办法，连抱怨都显得没有那么理直气壮，所以，心理问题导致很多生理疾病的发生。

吴云的父母吵闹一辈子，对她和姐姐的婚姻也产生了不好的影响。吴云第一次婚姻是在 20 岁出头时，因为急着逃离父母而嫁给了一个不合适的男人，离婚后父母对她暂住娘家非常不满，不仅对她言语羞辱，甚至向她索要很高的房租和生活费。

幸亏第二次婚姻还不错，吴云很珍惜，但是，父母在她每次回家探望时，都要摔摔打打地抱怨，嫌她给的钱太少，嫌她没有带他们一起住大房子，吴云忍气吞声不敢申辩。

更过分的是，吴云的母亲被人蛊惑买了非法的理财产品，赔了好几万块钱，整天扬言要寻死觅活，吴云无奈，偷偷拿出私房钱给母亲“补窟窿”，母亲还觉得理所应当，后来，被丈夫知道了，两个人发生了争吵。

吴云觉得自己快被父母逼疯了，虽然已经竭尽全力，但父母的要求像个无底洞，无法被填满。

她找我是想知道，对待这样的父母应该怎么办?

每次遇到像吴云这样被父母“欺凌”的女性，我都要反复向她们强调：

“没有人有权利伤害你，包括你的父母。”

一个令人反思的现象是，女性遭遇丈夫的打骂、虐待，可以向外人倾诉，情节严重的，甚至可以报警；但是，成年女性遭遇来自亲生父母的情感暴力、言语羞辱，甚至身体攻击，似乎仍然被看作家务事，说出去很难被理解、被同情，更不要说诉诸法律了。

任何人都不会因为年老就变成“圣人”，如果不反思不成长，有些人会一直把人性的恶习保持终身，包括夫妻之间毫无顾忌的互相攻击，以及对儿女的索求无度、贪得无厌。

如果听任这些没有“长大”的父母肆无忌惮地胡作非为，已经年过半百的女性如何过好后半生?

要知道，父母只是生养了你，并不是创造了你，西方人所说的儿女和父母的关系是“came through”，而不是“came by”，意思是：儿女只是“经由”父母来到世界，而不是“从”他们而来。因此，不能认为自己的生命是父母给的，自己的一切都属于父母。

我们的生命完全是自己的，身体是自己的，心灵是自己的，情绪情感也是自己的，我们有责任保护自己的身心健康，有权利活得开心自由。

厘清比离开更难

如果你是多子女家庭出生的人，年迈的父母不只有你一个孩子，可以和兄弟姊妹商讨如何赡养老人。在家庭养老是绝对主流的前提下，这件事需要多方协商，而且，要看到，儿女没有能力也没有责任满足父母的所有需求，父母和儿女两代人都要有所妥协。

对于和父母处于纠缠关系的人来说，恨不得可以逃得远远的，似乎离开他们，就可以免除这种亲情带来的苦恼，其实，厘清和父母的关系，可能比逃离他们更现实，也更有挑战。

什么是厘清呢？

厘清就是从心理上确定，父母的人生是他们自己的，儿女应该尽到赡养的责任，但并没有义务包办他们的人生。如果他们选择过不开心的生活，任何人都改变不了。

这样冷静的态度可能无法被父母那一代人接受，他们仍然承袭以前的观念，觉得儿女需要一辈子对他们报恩，儿女有责任让他们过上想过的日子，儿女有义务让他们天天开心。

其实，把这种观念延伸一下，就可以看出它的荒谬了——如果我们这一代人，认为孩子需要用一辈子对我们报恩，还要让我们过上想过的日子，并且保证我们天天开心，别说现在的年青一代会觉得我们疯了，我们自己也张不开这个口吧？

●对上一代父母，厘清的第一个挑战来自“不孝”的压力

在中国，担上“不孝”的名声是很吓人的一件事，只要父母一辈对儿女进行声讨，街坊邻居等吃瓜群众肯定会觉得错在晚辈，这就让好多父母变得不收敛、不节制，他们知道道德的“大棒”握在他们手里。

我有很多年一直疲于应对来自母亲的过分要求，之所以不敢有所拒绝，就是害怕被左邻右舍、三姑六婆扣上“不孝”的帽子。后来，内心强大之后，我对母亲提出的要求从“全力满足”降为“无愧于心”，日子才渐渐变得轻松起来。

对我的情况有所了解的闺密璐璐问我是如何实现转变的，我告诉她，我不怕了，做完应该做的事，哪怕周围所有人都指责我“不孝”，我也问心无愧，所以，才有勇气对母亲说“不”。

有趣的是，我不再回应和满足母亲的每一个要求之后，并没有人说我“不孝”，大家都忙着过自己的日子，谁有闲心整天管别人的家事呢？

● 厘清的第二个挑战在于，如何区别父母对我们是有情感需求，还是在进行情感勒索

对每一个有正常感情的人来说，尽孝不仅是满足父母的情感需求，也是满足我们自己的情感需求，你这样做了，心里会舒坦，甚至有成就感。但是，满足父母的情感需求和被父母情感勒索，是有本质区别的。有些父母对儿女的折磨就在于，他们看似在提出一些情感需求，实则在试图剥夺儿女对于生命和生活的主动权，他们会直截了当或拐弯抹角地传达这样的感觉："你最好满足我的要求/按我说的做，不然，你就会受到惩罚。"惩罚是什么？就是唤起儿女内心的恐惧感、愧疚感、负罪感。

这样做，就是情感勒索，而不是情感需求。

苏珊·福沃德在她的《情感勒索》一书中写道："当有人用控制手段持续支配我们，使我们必须对其有求必应，不得不牺牲自己的需求及人格时，情况就变成了情感勒索。"

情感勒索者常常表现为施暴者、自虐者、悲情者和引诱者四种类型。据我观察，喜欢对儿女进行情感勒索的中国父母最爱扮演的是自虐者和悲情者，他们会在提出要求后让你

明白，如果你不答应，他们就会做一些伤害自己的事，或者，故意渲染自己生活的悲凉，让你无法袖手旁观。

应对喜欢情感勒索的父母，最好的方法是“温柔的坚定”。首先，要坚定，不要让对方觉得你的底线是可以打破的，要一次次地坚持，只做自己心甘情愿的事，而不是按照对方的要求妥协迁就；其次，要温柔，不要被对方激怒，也不要因对方哭泣难过而内疚自责，要情绪平稳地坚持立场。

我的朋友藜麦讲述了她和母亲相处的故事。

藜麦和母亲不在同一个城市，母亲在家乡由弟弟照顾，虽然老人家自己居住，但藜麦给她雇了保姆，弟弟也住得很近，经常回去看望母亲，陪母亲吃晚饭。

有一天，藜麦正在加班，接到母亲电话，说她在等儿子来吃晚饭，但他临时有事来不了，母亲非常生气，觉得儿女不孝，没人管她，在电话里哭着说：“我活得好苦啊，你们姐弟俩没人在乎我！”

藜麦没有被母亲的情绪影响，而是柔声细语地回应母亲：“您怎么能说我们不在乎您呢，房子是弟弟帮您装修的，保姆的费用和您的生活费都是我出的，您在家里有吃有喝，还有人伺候，弟弟几乎每天都回去陪你吃晚饭，怎么非说自己活得苦呢？要说苦，每个人都有苦啊，现在晚上9点多了，你女儿我不是也在办公室加班吗？我的苦和谁说呢？”

老母亲继续发脾气："家里这么冷，把我冻死你管不管？"藜麦仍然不接招，对母亲说："妈，您别动不动就死呀活呀的，家里冷您就告诉我冷，我现在就在网上下单，明天就有人给您把电暖气送过去，您看怎么样？"

藜麦说，她知道挂断电话的母亲未必满意，但是，接受生活的不完美，是每个人都必须学习的，她不再把让母亲事事满意当作努力的目标，就不会像从前那样有被勒索的痛苦感觉了。

“尽管我以前那么努力，我妈不是也不满意吗？”藜麦最后的总结很有意思。

自己排第几？

之前在网上看到一个关于自己和家人排序的讨论，很多男人的排序是：父母第一，孩子第二，妻子第三，自己最后；

很多女人的排序是：孩子第一，父母第二，丈夫第三，自己最后。似乎，男人女人不约而同地把自己排在了最后。

然而，著名网络红人 papi 酱在一档节目里说，她的排序是：自己第一，伴侣第二，孩子第三，父母第四。她的原话是："首先，你自己陪伴自己的时间是最长的，之后的这一生，我是和我的伴侣一起过的，孩子和父母都是你只陪伴他们走一段路，剩下的路还是他们自己去走的。"

papi 酱最牛的当然是她敢把自己摆在第一，除此之外，虽说当时她还没做母亲，但作为一个女性，她竟然把孩子他爹排在了孩子前面，同时，又把父母排在了最后，这种排序实在是太勇敢了！其实，正是因为她和父母关系足够好，才不会为了符合世俗道德标准而说大话、假话；也正是因为她敢于把父母摆在合适的位置，才敢于把伴侣摆在孩子之前。

这里面的逻辑关系值得每一位身处各种关系中的女性深思。

如果，50+ 女性之前的人生都是把别人排在自己前面，那么，在人生下半场开始后，该不该把自己排在第一位？如果，之前正是因为已婚的男人女人都把孩子、父母排在了伴侣之前，才导致婚姻中的核心关系不稳固，那么，从今往后，敢不敢让孩子、父母都靠后？

让已经成年的儿女靠后，似乎不难，但是，把年迈的父母排在最后，似乎还是很有挑战的，特别是，他们并不想靠后，仍然希望在儿女心中占据最重要的 C 位，那可怎么办？

其实，这个问题的难点并不在于父母能不能排最后，而在于自己敢不敢排最前。当你敢于把自己排在最前面，其他的，就迎刃而解。

敢不敢把自己排第一，不是在别人心中排第一，而是在自己心中排第一，这是每一个人都应该认真思考的。当社会允许每个人把自己排第一，当每个人敢于承认自己排第一，那就说明，每个人都愿意成为自己人生的第一责任人，很多问题就简单了。

亲情、友情、爱情当然是人类美好的情感，拥有这些情感和“对自己好”并不矛盾，而强求一种不符合人性的高尚，则会让人变得心口不一，也会让人纠结、尴尬。当每个人都口口声声把自己排最后时，这个社会并不会变得更美好，反而会变得更虚伪。

父母之所以人到晚年仍然想让儿女为他们的人生负责，固执地想在儿女的心中排第一，就是因为他们在一生中从来不敢把自己排第一。如果我们效仿父母，装模作样地把自己排最后，就一定会在心里暗戳戳地想在儿女的心中排第一。这样一代一代地装下去，一定会一代一代地重复上演父母对儿女情感勒索的悲剧。

当你可以坦然地说出“我第一爱自己”之后，才可以对人生的各种关系进行恰当排序；当你真正爱了自己之后，才会有能力好好爱别人。

从儿女的生命中
得体地退出

当我们充分相信孩子有能力活出自己的人生，当我们愿意接受孩子应该享受他们的幸福，我们就能够从容地撤出孩子的生活，给他们留下足够的空间，去创造，去体会，去试错，去成长。

我的好朋友、女作家赵婕在她的书里写道："我钦佩一种父母，他们在孩子年幼时给予强烈的亲密，又在孩子长大后学会得体地退出，照顾和分离都是父母在孩子身上必须完成的任务。亲子关系不是一种恒久的占有，而是生命中一场深厚的缘分，我们既不能使孩子感到童年贫瘠，又不能让孩子觉得成年窒息。做父母，是一场心胸和智慧的远行。不仅仅是做父母，人生的许多时刻都应该懂得进退。"

西方的父母也许在孩子 18 岁就开始退出孩子的生命，许多美国大学生都是靠学生贷款读完大学。在中国，情况要复杂得多。一般来说，父母会把供孩子念大学当作自己的责任，同时，作为以农业为基础的国家，如果父母是手停口停、没有退休金的人，父母和儿女的关系就有点像劳动力交换——父母不仅要抚养孩子长大，还要供他们上大学，帮他们娶媳妇，甚至还要继续照顾下一代，这样，才能换来当自己无法自食其力时，儿女对自己的反哺。

这是时代的局限，我们不能对这样的家庭关系横加指责。但是，现代社会更多见的是：父母自己有退休金，完全有能力为自己养老，却因为种种原因和已经成年的儿女纠缠不清，既限制了孩子的成长，也让自己的后半生过得不清爽、不畅快。

心理学家克莱尔说过："世界上所有的爱都是为了相聚，只有一种爱是为了分离——那就是父母对孩子的爱。父母真正成功的爱，就是让孩子尽早作为一个独立的个体从你的生命中分离出去，这种分离越早，你就越成功。"

遗憾的是，很多父母，特别是母亲，对于"和孩子分离"

缺乏正确的理解，她们恐惧这种心理意义上的分离，即使在儿女成年后，仍然固执地想参与孩子生活的方方面面，希望成为儿女一生中不可或缺的人。

当代的“妈宝男”是50+、60+母亲的儿子，世人看到的，是“妈宝男”不独立、不自强；却没有看到这正是他们的母亲不肯分离带来的后果。做母亲的，如果不想让自己的孩子沦为社会的笑柄，不想让自己的孩子无法胜任在婚姻中、在职场上的各种角色，就应该尽早学会从孩子的生命中退出。

儿孙自有儿孙福

年轻的时候根本悟不出“儿孙自有儿孙福”想表达什么意思，过了50岁以后，慢慢体会这句话，对于蕴含在其中的、充满乐观和期望的长者心态，才咂摸出点儿滋味来。

很多人不知道“儿孙自有儿孙福”的后半句是“莫为儿孙做马牛”，它出自元代关汉卿的一个作品，虽年代久远，但对于今天的为人父母者，仍然很有提点、告诫作用。

当我们充分相信孩子有能力活出自己的人生，当我们愿意接受孩子应该享受他们的幸福，我们就能够从容地撤出孩子的生活，给他们留下足够的空间，去创造，去体会，去试错，去成长。

那些甘愿为孩子“当牛做马”的父母，为什么付出很多却得不到他们想要的回报？

首先，不愿意退出的父母就是用实际行动在告诉孩子：“你不行，你什么都干不好，没有我，你的人生会一团糟。”被如此暗示的孩子，在感受到来自父母的深刻否定后，如何要求 Ta 去感恩、去回报蔑视 Ta 的人？

其次，在孩子的生命中寻求存在感的父母，给孩子树立了一个坏榜样，那就是：“不必为自己的人生负责，只需要借着某种亲情关联，在他人的生命中占有一席之地，然后就可以让他们为我负责。”这样的榜样会教出怎样的孩子？当然是没有担当、不愿负责的人，他们不仅撑不起自己的人生，也没有能力回报父母的付出。

不肯从儿女生命中退出的父母，违背了生命自然的发展规律，所以，他们无论把自己搞得多么辛苦，也是不得体的，因而，很难得到皆大欢喜的结果。

无论“催婚”还是“催生”，都是父母在插手孩子的人生，这种催促就是在告诉儿女：“你的生命节奏不由你掌握，你什么时候结婚、什么时候生孩子，是我说了算。”被催促的孩子，有的因为不堪其扰而躲避父母，甚至春节也不回家；有的则受不了父母的软硬兼施，仓促结婚，冒失生娃，后果却常常由始作俑的父母承担。

春江的儿子结婚后就被她“催生”，儿子和儿媳本来已经商量好，先干事业，暂时不要孩子，但春江告诉他们，不尽快生孙子就是不孝顺，儿子无奈改变了主意，儿媳很快怀孕。

孕后几个月，因为妊娠反应强烈，儿媳只好辞职回家待产，儿子的工资不高，家庭经济很快捉襟见肘。

看着儿子一回来就唉声叹气，春江只好把退休金拿出一部分补贴他们，自己的生活变得拮据紧巴。之后，儿媳生了，没钱雇保姆，儿子回家对母亲没好气：“我们本来觉得现在没准备好，你非要逼着我们生，现在孩子生出来了，雇不起保姆，你到底管不管？”

春江不好推辞，只能硬着头皮去儿子家照看孙子，几个月下来，吃不好睡不好，身体被严重透支，但她不敢抱怨。

春江觉得她为儿子儿媳付出很多，却没有换来他们的感激，反而在日常的相处中生出许多嫌隙，而且，她把精力全都给了小孙子，疏忽了自己的丈夫，一天深夜，丈夫因高血压导致突发中风，差点送了命。

春江觉得自己命苦，一边是瘫在床上的丈夫，一边是需要照顾的小孙子，她找我诉苦水。

我说："这是你的选择啊，如果你不插手孩子的事，不去管他们什么时候生孩子，甚至生不生孩子，他们的事让他们自己负责，你们老两口都有退休金，现在活得不知有多快活呢！"

春江说："那怎么可能？他是我儿子，他不生孩子我肯定着急啊！如果他没有孩子，他老了以后谁管他？我要尽我当妈的责任啊！"

我告诉她："你对孩子的责任在他大学毕业时就已经尽完了，你现在最需要关心的是你自己和你丈夫。"

春江对我的话并不认可。

找到可退之处

我经常听到 50 多岁的女性抱怨儿女"不省心"，她们聚在一起聊天的主要内容就是“控诉”孩子，似乎她们生活的不如意都是因为操心孩子。我和其中一位母亲的女儿谈论这个话题时，她一语道破真相：“我妈如果不操心我的事，就不知道该干什么，她根本没有自己的生活。”

真的是这样。

许多为人母的女性，明知道自己的唠叨孩子不爱听，自己的付出孩子不领情，自己的干涉也常常没有好结果，但就是不肯从儿女的生命中退出。因为，她们无处可退。

她们没有自己的爱好，也缺乏对生活的兴趣，更没有想过要去完成年轻时无法实现的梦想；闲下来，静下来，对她们不是享受，而是空虚。那种无边无沿的空虚，比让她们焦头烂额的家庭琐事更有吞噬力，她们害怕被这种空虚感吞噬掉，只能选择不得体也不讨好地活在儿女的生命中，用掺和他们的生活来证明自己的价值。

所以，想在生命的下半场从儿女的生命中退出，不仅要有放手的智慧，愿意主动退出，还需要有可退之处，找到安放心灵的栖息地。

米可给我讲了她和母亲的故事。

米可有过几任男朋友，都没有谈婚论嫁，母亲曾对此颇不理解，也极为焦虑，几乎每周都要给她打电话，不断地催问她的婚姻大事。米可索性告诉母亲，自己准备终身不婚。

米可的母亲为此生了一场病，病愈后她自己想通了，她告诉米可："你的事我不管了，你有能力，挣的钱也不少，肯定会把生活安排好，不管你结不结婚，都是我女儿。"

之后，母亲果然不再为婚事难为米可，而是找了一位老师，开始学钢琴。她告诉女儿，她年轻时就很羡慕会弹琴的人，以前总以为这辈子和这件事无缘；后来，一想到自己才50多岁，以后还有好几十年人生，完全有时间弥补年轻时的缺憾，于是就开始从五线谱学起。

学琴之后，母亲好像变了个人，整天意气风发，精神饱满，和米可通电话，都是汇报她学琴的进步，学会了什么曲子，老师怎么夸她，等等。

米可父母的婚姻质量不高，母亲后来也和米可坦诚地聊天，说自己的经历其实也说明，有婚姻未必意味着有幸福，她说她慢慢理解了女儿的选择。

米可告诉我，她和母亲现在更像是好朋友，互相关心，却没有干涉、越界，母亲放松了，她也放松了。奇妙的是，她不再刻意对抗母亲的催婚之后，竟然和最新一任的男朋友产生了想结婚的念头。

对于儿女成年的 50+ 女性而言，找到一项爱好可以让你发现全新的自我，参加一个社团也可以帮助你发掘出生命的更深意义，经常约几个朋友聊天喝茶，会提醒你生活中有许多被你忽略的美好……总之，把眼睛从儿女的生活上挪开，去看看世界，看看自己，你才会在某一个瞬间突然醒悟——无论你多爱孩子，Ta 的人生只能自己去过，未来几十年，你只有过好自己的人生，才不枉一世为人啊！

婆媳
不必亲如母女

做婆婆的，希望儿媳对自己像亲妈；做媳妇的，希望婆婆对自己像女儿——这恐怕会给婆媳关系带来致命的破坏。因为，可望而不可即的高标准、高期待，一定会让人在期待落空后，生出不满和愤恨。

很多年前，某杂志做过一个专题："婆媳不必亲如母女"。杂志出版后，一位女士打电话到编辑部，声称自己在儿媳的床头柜上看到了这本杂志，看到了这篇文章，觉得很气愤。她质问："你们要把年轻女孩都教坏吗？为什么要挑拨我们婆媳关系？"弄得接电话的编辑一头雾水。事后，主编对大家说，这正是策划这个专题的意义所在。

年轻时，我常听周围人用“亲如母女”来夸一对好婆媳，结婚后，我就糊里糊涂地把“亲如母女”当作和婆婆相处的目标。但之后很多年，我深感困惑，不知是“功力”不够还是缘分不到，就是很难做到和婆婆亲如母女。我对她老人家尊重、体谅，春节团圆时，我操持一大家子十几口人的年夜饭，每到换季时，给她和公公添置衣物，但是，我不认为自己对婆婆的情感里有亲热、亲近、亲昵，我想，她对我也没有。

后来，我渐渐认识到，要求婆媳关系“亲如母女”也是一种道德绑架。两个人的情感状态是不可能被约束和要求的，婆婆对儿媳很难像对女儿一样亲，儿媳对婆婆也很难像对妈一样亲，这是现实，更是人之常情。

做婚姻课程时，我常遇到夫妻关系被婆媳关系连累的案例——妻子抱怨丈夫不能公平对待婆媳矛盾，偏袒婆婆，委屈媳妇。这似乎在中国家庭中普遍存在，男人觉得自己的妈怎么做都是对的，不能被指正、规劝，否则就是大逆不道。

其实，婆媳关系是一种衍生关系，没有夫妻关系，何来婆媳关系？认清这一点，就不会把婆媳关系看得太重，更不会把“亲如母女”的标准强加到这层本就不太亲近的关系上。

对于50+女性来说，很可能会处在两种婆媳关系中，既是丈夫母亲的儿媳妇，又是儿子媳妇的婆婆。将来等我儿子结了婚，我就会如此。

不管身处婆媳关系的哪一端，为自己的角色恰当定位是处理好关系的前提。做婆婆的，希望儿媳对自己像亲妈；做媳妇的，希望婆婆对自己像女儿——这恐怕会给婆媳关系带来致命的破坏。因为，可望而不可即的高标准、高期待，一定会让人在期待落空后，生出不满和愤恨。

有理有礼，不必亲如母女

婆媳关系作为一种衍生关系，是依赖夫妻关系而存在的，夫妻关系破裂，两个人离了婚，婆媳关系自然就不存在了，哪怕之前两个人真的“亲如母女”。

但是，婆媳关系对夫妻关系的影响很大。一项对国人离婚状况的调查发现，造成离婚的原因第一是出轨，第二是一方有家暴或赌博、酗酒等恶习，第三就是婆媳关系不和睦。

我经常在婚姻课堂上对学员们说，在中国，处理好婆媳关系需要一等一的高情商，因为，破坏婚姻的有两个女人：

除了小三，还有婆婆。这虽然是戏谑的说法，但现实生活中，被婆婆破坏的婚姻不在少数。

我认为，处理好婆媳关系，把握好两个关键词就够了：一个是“理”，讲理的理；一个是“礼”，礼数的礼。

先说“理”

这几年有句话很流行：“家不是讲理的地方，而是讲爱的地方。”听起来特别打动人，但是，我接触的众多婚姻案例中，很多家庭的矛盾恰恰就缘于“不讲理”。

在家庭关系中，光讲理不讲爱肯定不行，那样的家一定冷冰冰；但是，不讲理光讲爱也行不通，那样的家没有原则，需要有人牺牲自己的利益，委屈自己的情感。对于牺牲者、委屈者，他们能感觉到那些“不讲理”的人的爱吗？

所以，真正美好和谐的家庭一定是既讲理，也讲爱，而且是先讲理，后讲爱。

“理”是什么？“理”是公正和公平。而“爱”，则是建立在公正和公平基础上的体谅、谦让、照顾、关心。

月霞的丈夫有三兄弟，公婆准备翻新房子，需要几个儿子筹钱，按道理，三兄弟各出三分之一就可以，但是，因为月霞的丈夫是三兄弟中最能干的，其他两个兄弟就想自己少出点，让月霞丈夫多出点，公婆默认了这个方案。

月霞丈夫不好意思违背父母的意思，也不愿得罪兄弟，准备多出些钱。月霞不乐意，夫妻产生了矛盾。

月霞向婆婆诉说了自己的委屈，希望公婆可以一碗水端平，婆婆却说："都是亲兄弟，何必算那么清？"

月霞找我倾诉烦恼。我告诉她，有两个选择：第一，她和丈夫只出该出的三分之一；第二，可以多出钱，但要把多出的那部分"借"给另外两个兄弟，以他们的名义交给父母，日后两兄弟还不还钱是他们的事，你们可以体谅他们的难处而不计较，但要让他们知道，这部分钱是他们该出的。

月霞把两个方案告诉了婆婆，让婆婆二选一，婆婆同意了第二种方案。虽然多出的那部分钱另两个兄弟始终没有还，但是，他们自觉理亏，再也没有以往的"嚣张"劲儿，婆婆和公公也知道这件事他们不占理，之后在很多事情上就收敛了许多。

●再说“礼”

礼是礼貌、礼数。中国人在家庭关系中很讲究礼数，礼数不仅表现为长幼有序、言行得体，还表现为逢年过节时的物质表达。

做媳妇的，在重要节日里用礼物向公婆表达敬意是必不可少的，也是避免对方“挑礼儿”的稳妥做法，而且，聪明的媳妇会尽量把礼物买得贵重一些，这样才符合对方的期待，也可以少很多麻烦。

做婆婆的，不要太在意儿媳礼物的贵贱，人家送你，就是一份心意，你的计较，不仅显得自己没见识，还会让自己的儿子为难。同时，也应该想着给儿媳回礼，用礼物给婆媳关系做润滑，这么做不会让你失了“威仪”，反而会赢得儿媳的尊重、儿子的感谢，对小两口的夫妻关系还有促进作用。

总之，婆媳之间，谈情谈爱并不容易，能够互不讨厌已然难得，做到既有理也有礼就足够了，不必追求“亲如母女”。

帮儿女带娃的**快乐攻略**

感谢会带来内心的平安，感谢也会带来长久的喜乐，当我们的心被感谢占满，抱怨就无处藏身。

我先生有一天问我：“儿子将来结了婚，生了孙子，让你去帮他们带，你去不去？”我秒答：“不去。”我先生带着一脸诡异的笑，意味深长地说：“别吹牛。”

我知道我现在的表态不算数，到时候我儿子真的需要我帮忙，我不可能袖手旁观。但是，旁观了周围很多朋友帮儿女带娃的现实案例，我希望自己能走出一条不一样的路。

几乎所有帮儿女带孩子的中老年女性都会在不同场合表达抱怨，有的甚至怨气冲天。她们抱怨累，抱怨没有时间过自己的生活，抱怨儿女不体贴，抱怨老公不帮忙，抱怨孙子外孙太淘气……看着她们疲惫憔悴的脸，听着她们的车轱辘牢骚话，我为她们感到难过，也想替自己想出一套不那么苦情的带孙攻略。希望我这套快乐攻略对已经有孙辈或者将来会有孙辈的 50+ 女性有所帮助。

攻略一：是帮忙，而不是责任

替儿女带娃，是帮孩子的忙，不是自己必须承担的责任。帮忙是人情，责任是本分，帮忙是可做可不做，责任是必须做。

如果你因为时间、健康或金钱、情绪等原因，不能或不愿帮儿女带娃，都是无可指责的，你无须愧疚，也无须向任何人解释。如果你决定伸手相助，就要为自己的决定负责，同时，在帮忙之前和儿女明言相告，你可以帮助他们做什么，可以帮他们多长时间。你要有自己的时间表，不要让他们觉得你是随叫随到的。

既然是帮忙，就要有帮忙的姿态，有事情让孩子的父母做决定，身为祖母或者外婆，不要越俎代庖，不要指手画脚。

另外，钱的事最好不要藏着掖着，如果你需要儿女支付你一些费用，说出来比不说强。我听到很多帮忙带娃的人抱怨自己当了“免费”的保姆，也许这才是她们产生怨气的最大根源。与其当面不敢谈钱，背后牢骚满腹，不如正面沟通，当面说清。不要害怕谈钱伤感情，你越坦诚，越能赢得尊重。

攻略二：要享受，而不要煎熬

带孩子当然辛苦，尤其是一把年纪的人，体力和当年带自己孩子时真不能相比，但是，既然你做了这个决定，就要尽量调整心态，要去享受含饴弄孙的快乐，而不要总是唉声叹气地忍受煎熬。

我父母帮我带过两年孩子，我母亲说的一句话让我印象很深，她说：“带孩子虽然累，但是，好像跟着孩子重新活了一回。”我父亲的乐趣是教孩子说儿歌，而且是他自己写的，听着小家伙口齿不清地说儿歌，他满脸喜悦，那份快乐非常有感染力。

看着一个孩子从牙牙学语到蹒跚学步，可以真切地体验到生命成长的过程——当年带自己的孩子时，你可能因为忙碌和年轻，没有好好享受这份快乐，如今，小孙子小外孙又给了你一次机会，让你可以用孩子的眼光再一次看世界，跟着孩子重新活一回。这份收获是否可以抵消一些辛劳和疲惫？

攻略三：学会感谢，停止抱怨

很多帮忙带娃的人都觉得儿女欠自己一份感谢，如果真的是这样，也得怪我们自己，因为，我们没有教给他们感谢。

想让别人感谢自己，不如先问问自己是不是个常怀感谢之心的人。

首先，我们应当感谢这个和平富庶的年代。要知道，之前的时代，因为战乱，因为疾病，很多人没有看到孙子外孙就结束了生命，有孙辈可带，也是一种福气。

其次，要感谢上天赐给整个家族的生育能力，让我们可以繁衍后代，让我们的儿女也有了后代。想想那些被不孕不育折磨的人，就知道不是所有人都有福气可以享受子孙绕膝的天伦之乐。

感谢会带来内心的平安，感谢也会带来长久的喜乐，当我们的心被感谢占满，抱怨就无处藏身。

攻略四：见好就收，不要欲拒还迎

帮儿女带娃不是“终身制”，你想停止时，就果断叫停，见好就收。还是那句话，你的人生要按你的时间表进行。

我的朋友潇潇姐，替儿子带孙子，本来说带三年，孩子上了幼儿园就放手，没想到一直带到孙子上中学。她的暧昧态度让儿子儿媳觉得她一定是喜欢和愿意的，于是，在国家放开二胎政策后，小两口又生了一个二宝，他们似乎吃准了孩子的奶奶一定会接着给带。

潇潇姐已经60岁了，这几年带娃很辛苦，血压高，心脏也有问题，继续带二宝会非常吃力，但孩子已经生下了，她左右为难。

她找我支招，我告诉她：“大宝三岁的时候是退出的第一个好机会，现在就是第二个好机会，你没有许诺帮忙看二宝，他们自己决定生，那他们就应该为这个决定负责啊！”

潇潇姐没有采纳我的建议，继续帮儿子带二宝。她说她现在睡眠很差，身体越来越不好，不知道什么时候儿子儿媳才会“放”她走，好像她没有人生的选择权，是被他们“囚禁”起来了。

从受害者情结中走出来

我发现一个现象，帮儿女带娃的人很少有人愿意承认，自己从这件事上有所收获，他们似乎不遗余力地向外界昭示："我只是在付出，所以，我吃亏了。"这就让我很困惑，为什么他们愿意用几年甚至十几年时间，去做一件只有付出没有收获的事呢？

显然不是这样，他们有收获，但不愿意承认。

不同的人从帮儿女带娃这件事上有不同的收获，比如：获得一种超强的存在感；或者，让退休后的生活更充实，重新掌握在家族中的话语权。还有人获得了儿女多方面的回报：贵重的礼物，出国旅游，加倍的尊重，等等。

Ada 在孩子 3 岁时请父母到北京帮她带孩子，她收入高，房子很大，还雇了保姆、司机，两位老人只需要照看外孙就行，其他杂事不用操心，生活费也很丰厚。

为感谢父母的付出，Ada 每年暑假都会带他们和孩子一起出国旅游，逢年过节的礼物就更不用说了。但是，她的父母却经常向邻居以及老家的亲戚抱怨，说他们多么多么辛苦，为了这个孩子，离乡背井，和老朋友见不到面，也吃不到家乡的美食，日子过得真没意思，要不是因为心疼女儿外孙，他们一天都不想在北京待。

Ada 听到邻居和亲戚转述父母的话，很伤心，她没想到父母在她这里过得如此不开心，于是，决定让孩子从初中开始住校，让父母可以返回家乡安度晚年。

没想到，她把这个决定告诉父母后，父母非常生气，指责她过河拆桥、“卸磨杀驴”，说：“现在孩子大了，用不着我们了，就想撵我们走？老家房子那么小，医疗条件那么差，你就忍心让我们回到那个破地方？”

Ada 困惑至极，她不明白，父母心心念念的、有朋友有美食的家乡，怎么又变成了“破地方”？

其实，Ada 的父母一直在扮演“受害者”，他们很享受躲在“受害者”角色后面，夸大自己的痛苦，渲染自己的无奈，强调自己的损失，这样，就可以不承认帮女儿带娃是对双方有益的，自己不仅有所获得，甚至可能是回报大于付出的。

Ada 的父母扮演“受害者”的目的有两个：第一，让 Ada 产生内疚感、负罪感，这样才会更容易达成他们的目的，比如，获得女儿加倍的尊重，或者，获得一些物质上的加倍补偿。第二，回避那种觉察自己无能之后的恐惧。毕竟，他们因为带外孙而在女儿家里享受到的生活，是靠他们自己的能力实现不了的，承认这点，会让他们自卑，甚至恐惧。所以，Ada 的父母明明过着很好的生活，却要对别人诉苦，似乎不承认喜欢现在的生活，就可以不承认自己的无能。

从我的观察来看，很多帮儿女带娃的人都有受害者情结，他们似乎很害怕承认，自己在带娃过程中是有快乐、有收获的，他们不仅对外人要强调自己的累和苦，对着儿女，更是要展现出一副做出巨大牺牲的样子。这实在令人难过。因为，内心的受害者情结会扭曲人的正常判断力，也会吞噬人的幸福感，还会破坏人与人之间的关系。

所以，如果你接受了儿女的邀请，答应帮忙带娃，就要用快乐攻略代替悲情攻略，同时，要警惕自己的受害者情结，不要用带娃来“要挟”儿女，不要因带娃就认为自己是在无私奉献，高尚无比，要把帮儿女带娃当成可以享受的乐事，当成和儿孙建立深刻情感联结的缘分，也当成促进自己再次成长的宝贵机会。

读书时间

感觉被爱是人类最重要的情绪需求

——读查普曼博士的《爱的五种语言》

社会心理学家告诉我们，人的幸福感离不开良好的人际关系，每个人都需要幸福感，那些在关系中碰壁或者和他人相处时感到为难的人，并不是不在乎和他人的关系，而是找不到和人相处的窍门。

有的女性，大半辈子过去了，还是不会和人相处，明明挺善良的一个人，就是不招人喜欢，她自己也为此苦恼。所以，和人相处真的是一门学问。既然是学问，那么光下苦功夫是不够的，只有找到窍门，才能学得更快。

我就找到了这个窍门，窍门的核心就是满足对方的情绪需求，具体的方法是用对方喜欢的方式，让 Ta 感到被爱。

教给我这个窍门的是这本《爱的五种语言》，作者是美国著名婚姻治疗专家盖瑞·查普曼博士。这本《爱的五种语言》从1992年出版以来，已经被翻译成49种文字在全球发行，累计销量达到1000万册。

我第一次读这本书，是在结婚十年的时候和丈夫一起参加一个婚姻辅导课程。那次的经历以及对这本书的学习和实践，对我婚姻的影响特别深远，原因就在于我和丈夫都学到了表达爱的窍门。

心理学家指出，感觉被爱是人类最重要的情绪需求，每个人都有一个情绪的“爱箱”，只有当这个“爱箱”填满的时候，人际关系才能顺利发展。

查普曼博士在这本书中告诉我们，人们会用五种方式来表达爱，也可以把它称为“爱的五种语言”——

肯定的言辞、精心的时刻、接受礼物、服务的行动和身体的接触。

尽管每个人对爱的语言偏好不同，但是，不可否认，这五种爱的表达方式都是人们所需要的。

这本书不仅改变了我的婚姻，对我和我儿子的关系也有非常大的影响，在此基础上，我把这五种爱的语言运用到很多人际关系中，得到的反馈都让我惊喜。

一、肯定的言辞

最先感受到这个方式的神奇，是我学了之后用在和丈夫沟通时。

之前，我特别不会夸奖人和鼓励人，无论丈夫做得多好，我也不会明确地表示肯定，我甚至觉得说“你可以做得更好”就是一种认可。我丈夫为此感到特别沮丧。

我知道丈夫需要我的肯定，也希望让他感觉到我的爱，于是，便有意识地、经常性地夸他，表扬他，没想到，这样做不仅让他开心、自信，也让我有了发现他优点和长处的眼光，我自己也变得特别满足。

我不肯给丈夫鼓励和认可的时候，他对我也有抵触情绪，尽管我们爱着对方，但是我们的感情是不流动的。当我学会用“肯定的言辞”来表达爱时，他很快就感受到了，也回馈给我许多爱的感觉。

学会这个表达爱的方式之后，当然不能只用在丈夫一个人身上，我用“肯定的言辞”夸奖我儿子，变着花样鼓励他，告诉他我多么欣赏他，他的哪些话对我很有启发，他的哪些特长让我多么羡慕。在他青春期最叛逆的阶段，这些“肯定的言辞”成了我们母子关系最好的润滑剂，极大地减少了这个时期几乎不可避免的矛盾和摩擦。

用在朋友关系、同事关系上，作用也一样，谁不喜欢被肯定被夸奖呢？掌握了这个窍门，你几乎可以和任何人把关系处好。

二、精心的时刻

精心的时刻指的是刻意安排的相处时间，在婚姻中，一般是指夫妻两个人单独相处的时间。在这段时间里，要一起做喜欢的事，可以是散步、聊天，也可以是去看电影、外出就餐。总而言之，经常安排精心的时刻，就是为了告诉对方：“你很重要，我愿意为你花时间。”

其实，不只是夫妻，其他家庭成员之间也需要有意创造“一对一”的精心时刻，因为，有些话只有两个人单独相处时，才有气氛说出来，任何第三个人在场，都会影响谈话的氛围。

我会在丈夫出门之后，刻意安排和儿子一起出去吃饭，和我单独相处时，他会说出他爸爸在场时不方便说的话，我也可以更放松地表达我的感受；我不在家时，我丈夫也会经常和我儿子深谈，聊一些我不感兴趣但他们爷俩兴味盎然的话题。这一次次“精心的时刻”让所有参与者感受到了抒发的畅快和被理解的愉悦。

我经常会和妹妹、外甥女以及我的闺密们单独约会，私密聊天，当两个人共同度过几个小时的“精心的时刻”，就能触碰到彼此心灵的最深处，我和那个人会因此而更亲密，她对我也更有意义。

你在乎谁，就和谁安排几次“精心的时刻”，为这个人花心思、花时间，甚至花钱，都是爱意的流露和表达，对方一定能感觉得到。

三、接受礼物

这个方式之前是我最抵触的，总觉得在乎礼物的人是在乎物质，其实未必。

我丈夫在我生日时如果准备了惊喜的礼物，会让我觉得他在乎我，我在他心里很重要。所以，“接受礼物”之所以成为一种爱的语言，是因为我们真正在乎的是有人爱。

我用这个方式向我母亲和我婆婆表达爱，她们的反应就很强烈，刚开始我不理解，后来慢慢明白了。

我大学毕业之后就赶上了国家改革开放，经济发展之后，物质的需求很容易得到满足。我丈夫会在每年的生日、结婚纪念日、情人节送我礼物，朋友、客户也都经常送我礼物。但是，我母亲和我婆婆大半辈子生活在物资匮乏的年代，作为女性，从小到大她们几乎没有收到过来自任何人的礼物，所以，她们对于礼物所表达的爱的渴求是强烈的，她们不是在乎那个东西、物品，而是在乎这个形式，以及这个形式所传达出的“被宠爱”的感觉。

我母亲过生日时，我送她一块从免税店买的手表，她喜欢得爱不释手，逢人就伸出手腕炫耀，像小孩子炫耀新玩具，一脸的傲娇；我婆婆过八十大寿时，收到我和丈夫送的钻石耳环，她竟然喜极而泣，脸颊像少女一样泛起红晕。她们不是感觉到了礼物的贵重，而是感受到了我们的爱和“宠溺”。

没有人不喜欢贴心的礼物，不管是否价格昂贵，只要是用心选择或者制作的礼物都会让人难忘。

我儿子上小学一年级时，送了我第一份礼物。那是一张田字格纸，上面写着“妈妈祝您母亲节快乐，您的儿子大顺”，还画着一幅他的自画像。我把这张纸塑封后一直保存着。后来，他用零花钱给我买过手链、口红、钱包，每一次我都开心得想让全世界都知道：我儿子爱我，我很有价值。

我想，我母亲和我婆婆大概也是出于这样的原因才喜欢收到礼物吧？

四、服务的行动

小的时候，我常常因为急着和小朋友去玩捉迷藏而不好好吃晚饭，上床睡觉时，就会饿得睡不着。我爸爸发现了，问我是不是饿了，我只好承认。他就马上穿衣服起床为我做饭，有时候是一碗鸡蛋葱花炒馒头，有时候是一碗香喷喷的热汤面……很多年过去了，我一直坚定地认为，那是我吃过的最好吃的夜宵。

爸爸不怕麻烦为我开启“深夜食堂”，就是因为他爱我。

所以，当我们对家人、朋友做出服务的行动时，就是在表达爱，这样的方式，没有人会拒绝。

我用不断提高的厨艺表达我对丈夫和儿子的爱，也会邀请朋友到家，用美食表达我对他们的喜欢和在意；同时，我丈夫包揽洗衣服、擦地等家务事，也是向我和儿子表达爱。

把“服务的行动”当作“伺候人”，而不是当作爱的语言，就会吝惜自己的付出，生怕吃了亏。其实，学会服务他人，就是掌握了爱的能力，有这样的能力，谁都愿意和你相处，怎么可能吃亏？服务的行动只会帮你收获爱和幸福。

五、身体的接触

第一次领教“身体的接触”的威力，是在当年我做客户回访时。

当时，我们公司代理了一种治疗关节炎的药品，在领着团队做客户回访时，我遇到了一位70多岁的老人，他脾气特别暴躁，一见我们就骂骂咧咧，说药不顶用，要求退钱。我一方面很紧张，另一方面又很同情他，因为他的手指关节已经严重变形了，所以，不由自主就拉住了他的手，然后，对他说：“大爷，您别激动，咱坐下来慢慢说。”

非常奇妙，在我握住他的手的一刹那，他的情绪立即平稳了。坐下之后，我用双手握住他有些冰凉的手，并且下意识地摩挲着。他不再吵吵嚷嚷，眼神也柔和了，在我的一再鼓励下，他告诉我，药挺好，吃了有用，但就是太贵了，因为不能报销，儿女不让买。

了解实情后，我让他参加了我们公司的一项优惠计划，缓解了他的购药困难。后来，这位大爷在我们做活动时经常来参加，一见我就热情地拉住我，满脸笑容地向我展示他的手现在恢复得有多么好。

那次的经历深深印在我脑海里，当我读到《爱的五种语言》的第八章“爱的语言之五：身体的接触”时，立即眼前一亮，原来，身体的接触是可以表达爱的，怪不得那位大爷前后态度变化那么大。

“身体的接触”作为一种爱的语言，只有在生活中运用出来才会显出它的力量。我儿子长大以后，我和他爸仍然会经常和他拥抱，我会在他坐下吃饭时，偷偷地在他身后亲一下他的后脖颈，他看起来很开心，因为他知道，那是他老妈对他爱的表达。

查普曼博士的《爱的五种语言》对于所有的人际关系都有帮助，对于处理好重要而亲密的家人之间的关系就更有效了。美国西北大学教授、心理学家黄维仁先生在为这部书写的推荐语中说：“我们不单单要爱得更努力，而且要爱得更有智慧。”当我们学会用不同的方式表达爱，就会更容易收获我们渴望的亲密情感，也会因为确认自己被爱而感受到活着的意义和价值。

Part 4

觉醒，是为了和解

年过半百，不仅要和过去的峥嵘岁月告别，还要对过往经历进行重新解读，既然不可能穿越时光，回到过去修改历史，就有必要让当下的智慧之光回照过往的幽暗，看出当年身在局中时无法参透的生命真谛。

与其说经历造就了我们，不如说对经历的解读造就了我们。

生命的觉醒常在人生转折处、坎坷处发生，对世界、对他人、对自己的重新认知，是年过 50、步入晚年之前的心理预备课，学好这门课，我们的暮年人生会平和、顺遂，自得其乐，另有一番风光。

如果，之前看不懂的事现在仍不去明白，之前想不通的事现在仍不能释怀，可能是因为身处50+的我们，缺少一种在这个年龄必不可少的抽离心。年轻时当然可以带着强烈的入世热情，在万丈红尘里折腾、打滚，去体验，去试错，在即将进入晚年的 50+ 时期，出世的冷静和觉察才能够让我们活得通透、自在。

觉醒，会帮我们看清世界，看懂自己。

不接受命运的安排，又缺少改变命运的力量，活在纠结、拧巴状态的中年女性，整个人生就变成一个“怨”字，怨天怨地怨老公怨孩子——她们看起来是对世界不满，对他人不满，实际上，她们是对自己不满。

是时候从困顿无奈中抽离了，人生还剩多少岁月经得起如此空耗？

觉醒之后，才能与自己和解；与自己和解了，一切就都顺了。

绝经之日，
开悟之时

对于那些在这个时期出现的感觉、想法、灵感，都应该高度重视，不要害怕那些以前从未出现过的念头，也许，那些若隐若现的、跳动的思绪，是要带领我们去发现一个全新的自我。

英语的“绝经”是 menopause，把这个词拆开就是“与男人（men）暂停（pause）”，不知它的词源是否和男人有关，仅从它的呈现形式看，似乎是在提醒女性，这是一个重新界定和男人、和世界关系的分隔点。

50 岁左右的女性处在重要的人生转折点，前面有两条岔路，需要我们仔细分辨。

有一条很多人选择的路，看起来熙熙攘攘，你如果加入其中，不会寂寞，你的亲人、家人可能也希望你走这条路。这条路，就是沿袭你上半场人生的基调，忽略自己，回避内心的真实感受，为了他人的评价而活，继续扮演别人眼里的“好母亲”“好妻子”“好女儿”“好儿媳”等角色。这条满足别人期待的路，会让你既疏于关照自己又渴望他人回报，会让你把使自己快乐的权利交给别人，选择了这条路，你会常常自怨自艾，也会因为对他人的失望而愤怒、悲观。

另一条路，人迹稀少，刚刚迈上去，你会感觉孤单、怀疑，你的家人、亲人也许会对你的选择指责、批评，但是，它会越走越宽敞，越走越光明。这条路，就是为自己而活，忠于自己的内心感受，把伴侣、孩子、父母，都放在自己之后，不再担负别人的人生，也不期望别人为你的人生负责，从此之后，你会活得轻松坦荡，潇洒自在。

为什么50岁左右是决定后半生走向的转折点?

因为，女性的绝经时间会出现在45到55岁之间，而绝经的到来有两重意义：从生理学角度看，绝经期前后女性激素的改变对大脑的某些部位产生了影响，这种影响赐予女性前所未有的洞察力、觉醒力，让女性看到，在原本习以为常的事情里藏着许多不公平，继续隐忍不发，身体就会用各种不适甚至病痛来抗议；从心理学角度看，失去生育能力的女性不再需要和男人进行密切的生育合作，她们不论是否孕育过孩子，都无须再为繁衍之事而谋划，这个来自造物主的奇妙设计，是提醒女性把余下的时光和精力，更多地用来关照自己的身体和心灵，更多地去思考生命的意义。

所以，绝经期的到来是重新发现自我的机会，也是修正上半场人生失误的机会，还是为后半场人生制定方向和策略的最佳时机。

我的经验是，对于那些在这个时期出现的感觉、想法、灵感，都应该高度重视，不要害怕那些以前从未出现过的念头，也许，那些若隐若现的、跳动的思绪，是要带领我们去发现一个全新的自我。

如果，绝经可以为女性带来对生命再一次的觉悟，那我们的下半生一定会活出不一样的精彩。

你没有那么重要

在 49 岁之前，我从来没有考虑过如果我不在了，身边的人会怎样，他们会想念我吗？会怎样度过没有我的日子？毕竟，身体健康、年纪不老的人不会启动这样的想象来徒增烦恼。

直到 49 岁那年，我和死神打了个照面。

那年冬天，婆婆家买了新房，我老公负责监督装修事宜。有一天，他要赶去外地赴一个朋友约会，我就自告奋勇去工地监工，因为，约好那天安装橱柜和厨房推拉门，不能拖延。

也是不巧，那天小区电梯检修，已经运到一楼门厅的装修材料无法由装修工人从电梯搬运上楼，我只好出高价请专门的搬运公司走步梯把材料扛上去。材料很多，一捆一捆地矗立在一层楼道间，工人们搬运时，我在那里监督指挥。有一刻，只有我独自一人站在那里，意想不到的事情发生了，一大捆两米高的木材由于地面光滑，向我迎面倒下，我在情急之下没有躲避反而伸手去推，相撞的那一刻感到巨大的重力，右肩关节和腰椎都“咯噔”了一下，就在那一瞬间，半秒的时差都没有，一个高个子工人不知何时出现在我身后，从我的头顶上方撑住了即将把我扑面砸倒的木材，我向左一错身，他一松手，木材轰然倒地，在地板上砸起很高的灰尘。

我和那位工人面面相觑，都被差点发生的惨剧吓坏了。以那捆木材的高度和重量，如果没有那位工人的及时出手，一定会把我砸死砸伤。

那天在装修现场，我尽量不动声色，但身体却一直瑟瑟发抖。晚上回家后，吃过晚饭我就疲惫不堪地上床睡觉了。没想到，半夜 3 点左右，我惊醒了，似乎白天的惊险才完全被意识体会到，然后，就怎么也睡不着了。

我的大脑开始思考一个问题：如果，那个工人没有出现，接下来会怎样？一个女人在给婆婆家装修新房的现场意外身亡。然后呢？家人帮我料理丧事，很悲痛，但没有人会觉得内疚，毕竟是意外啊！婆婆一家人会因为他们没有安排家族里其他青壮年男性来工地而自责吗？我不确定。也许他们会在事情发生之后尽量避免谈论它，谈论我，两年之后，会劝我老公“赶快再娶一个吧，人死不能复生，你总不能孤孤单单过下半辈子”。我老公呢，尽管我们非常恩爱，但既然我已经不在了，他也会听从家人的劝告，开始相亲，挑选，然后，再婚，再然后，他们俩就会一起睡在我此刻正躺着的床上。

想到这里，我全身冰凉，也格外清醒，可以说，从来没有如此清醒过。我对自己说，如果意外发生了，他们之后所做的一切都顺理成章，并不过分，只是再次证明，谁离了你都能活，而且不一定活得不好，你对别人没那么重要。

我接着问自己，既然如此，你为何总要委屈自己想让别人满意呢？之前你为了让大家满意而做的一切，真的值吗？

和死神擦肩而过的我，似乎被命运带领着看到了另一个差点发生的可能，看到之后，我就不再是从前的我了。

几天后，老公从外地回来，我把事情的经过告诉了他，也把我“看到”的另一种未来告诉了他，他甚至没有反驳。

几个月之后就是春节，关于“去谁家过年”这件事，曾在我和老公婚后被讨论过许多次，每次都是我妥协，以至于我结婚后二十多年没有陪我的父母过过一次春节。这次我的语气里根本没有商量：“今年我不回你家过年。”

相信真情，但不高估人性

世间当然有真情。爱情、亲情、友情都是值得我们有所付出甚至有所牺牲的，但是，在面对任何人的时候，都不要理想化对方，不要心存过高的期待，不要高估人性。

婆婆公公待我不错，但我无论多么委屈自己、迁就他们，也不可能换来他们对骨肉至亲才会有的心疼和体谅，一旦我和他们的儿子利益相左，想让人家“帮理不帮亲”，肯定就是奢望了；我和先生恩爱多年，他很爱我，但是，若我非要忍辱负重、承担自己挑不动的责任，如果符合他的利益，他也并不会阻拦，一旦我为此付出了代价，他的人生也还是要过下去的，不能据此说人家薄情寡义。

人性本就如此。年轻时看不透，走过半个世纪，经历人间许多事之后，应该足够达观也足够智慧，既不要以小人之心度君子之腹，也不要幻想别人对你的爱是无条件的。

人与人之间的爱，很难做到无条件。“unconditional love”（无条件的爱），在基督教国家常常是指神对人的爱。只要是人，难免会对爱的对象有所求，就连母爱都是有条件的，更何况男女之爱、亲人之爱、朋友之爱？

在任何一种人际互动中，抬高自己、美化自己，并不会让两个人的关系更真实，更美好。而所谓“不高估人性”，就是在不高估自己人性的前提下，不高估别人的人性。

不高估自己的人性，就会更容易觉察自己的私心，也会不勉强自己做太委屈的事，更会时刻提醒自己守住各种底线，不为金钱、权力、感情等方面的动人许诺所诱惑。

近些年，很多中老年人被骗财，有的是被“理财公司”的高息许诺所骗，有的是被所谓“黄昏恋”的爱情许诺所骗，还有被亲戚朋友的投资许诺所骗……这些被骗的人有一个共同特点，那就是不仅认为自己特别无辜，还对自己的人性有过高的估计，总爱说自己“没坏心”“想帮人”“啥也不图”，你啥也不图怎么会被骗？其实，认识到自己有贪心的人，却很少被骗。

不高估别人的人性，就不会幻想别人任何时候都对自己肝胆相照、忠诚可期。

如果借钱给朋友，却不让对方写借条，对方万一穷途末路，为何不能背叛友情不认账？总让老公去照顾离婚的闺密，人家两人日久生情，“媒人”不就是你？对亲戚的品性了解不深，却敢让他常年借住空闲房子，需要用钱卖房时，对方死活不搬，还扬言死给你看……这些在生活中无数次发生的真实案例，是不是能让我们在唏嘘之余有所警醒，不要总在事发之后才感叹人性之恶。年过半百却看不透人性，是自己无知。

甚至对儿女亲情，也要放在人性的框架下去考量。

有的中老年人卖了自己的房子给儿女在大城市购房付首付，然后搬去和儿女同住，帮人家带孩子。万一相处不睦，你是想让儿女把钱退出来，还是你们老两口自己花钱租房住?

有一对夫妇从儿子家搬了出来，对着相熟的朋友流泪感叹："总觉得是自己的孩子，帮他就是帮自己啊，到头来却发现，人家是人家，你是你。现在落到这步田地，难道要和亲生儿子打官司不成？"

不想让自己陷入任何人际关系的尴尬之境，就要时刻提醒自己：不要高估人性，不要在道德上对自己和他人做过高的假设，要承认包括自己在内的任何人，人性里都有自私的成分。这是生而为人的真实，也是必须接受的现实。

女性在绝经期往往会经历直面真相的痛苦，逃避、否认，只会增加内心的纠结；带着勇气重新认识自己，重新审视自己和他人、自己和世界的关系，就会得到开悟般的启迪，在接下来的几十年人生中，不悲观，不抱怨，相信真情无价，也不去考验人性。

历史可以“改写”

我们不是被过去的经历造就的，而是被对经历的解读造就的。如何解读过去，不仅会影响你的情绪、感受，也会影响你今天的行为，还会影响你对未来的规划。

因为工作关系，我能够接触到一些内心有过创伤的中年女性。她们有的是在原生家庭被虐待，有的是被伴侣的家暴或出轨所伤害，还有一些则遭遇过很难向人启齿的痛苦经历。这些女性在前半生的很多年，都默默地忍受着内心的煎熬，她们不想在下半生继续背负这样的伤痛，但是，又苦于找不到解脱之法。

有一位女性，向我倾诉了她被前夫背叛后离婚的经过，她对那段经历始终不能忘怀，既痛恨丈夫的无情，又后悔自己当年处理夫妻矛盾的不恰当。她说：“睡不着的时候我常常会幻想，幻想能够回到过去，比较聪明地处理一些事，不去激化矛盾，那样，也许我们就不会离婚了。”她有一句话给我留下很深的印象，她说：“徐老师，你说，历史如果能够改写该有多好！”

很多深陷过往伤痛回忆的人都有过这样的幻想——回到过去，改写历史，让那些糟糕的事情不要发生，似乎只有这样，才能解脱当下的痛苦。

遗憾的是，穿越时空的剧情只能发生在文学作品或者影视剧中，目前的科技条件下，现实生活中的人还无法让自己幻想成真，但有些方法，却是另一种意义上的“改写”。如果用这些方法“改写”了历史，同样可以让痛苦、压抑的情绪得到释放，让疲惫不堪的心灵得到安抚和慰藉。

重新解读，就是一种“改写”

美国心理学家埃利斯提出“情绪 ABC 理论”：A. 表示诱发性事件；B. 表示个体针对这件事的看法、解释；C. 表示个体由于这些看法和解释而产生的情绪和行为的结果。

情绪 ABC 理论认为，激发事件 A（activating event）只是引发情绪和行为后果 C（consequence）的间接原因，而个体认知和评价激发事件 A 所产生的信念 B（belief），才是引起 C 的直接原因。人的消极情绪和行为障碍，不是由于某一激发事件直接引发的，而是由于经受这一事件的人对它不正确的认知和评价所产生的错误信念所引起的。

简单说，我们都认为有前因必有后果，因为我们经历了某个事件（前因），才造成了我们现在的痛苦（后果）。但是，大家不知道的是，前因和后果之间还存在一个对事件的解读和评价，同一个事件，因为解读和评价不同，会带来截然相反的后果，也就是说，我们的痛苦其实是我们对那个事件的错误解读所造成的。

既然我们不可能穿越时间回到过去，让那件给我们带来伤心、压抑、自责等负面情绪的事情 A 不要发生，唯一能够帮助现在的自己走出痛苦的，就是通过修改 B，进而改变 C。

对事件进行重新解读，用积极理性的解读，修正曾经的消极不合理的解读，就可以让我们的情绪、行为发生根本的改变。

我经历过这样的修改过程。

上高二那年，我们学校由于报文科的人数太少，决定不分文理班，全部学理科。我一直想学文科，所以，就央求妈妈帮我转学到一个有文科班的学校。妈妈可能是怕求人麻烦，不理会我的请求，还说："你想学文科可以自己学啊！"

于是，我接下来的学习变得异常艰难。在理科班自学文科，地理、历史只能自己看书，在大家上物理、化学课时，我就到操场上看书背单词。学校老师虽然同情我，却也无能为力。

后来，我克服重重困难，考上了本省最好的一所大学，学了新闻，做了记者。

之前，对这段经历的回忆常常让我泪流满面。我委屈，伤心，责怪妈妈的袖手旁观，也遗憾自己被环境所限，没有考到更理想的大学。

对这个事件的负面情绪困扰了我许多年。学习了心理学之后，我慢慢修正了之前对这件事的解读：

1. 我在理科班学文科的经历不是折磨，而是锻炼，我超强的自律习惯和良好的自学能力都是拜它所赐。

2. 我虽然没有考上重点大学，但在普通大学能够比较轻松地名列前茅，增强了我的自信心。

3. 那段经历培养了我的抗压力和耐挫力，对我之后做记者、开公司都很有帮助。

那件事的来龙去脉不可能被改变，但是，对它的解读改变后，我就再也没有之前的遗憾、压抑和抱怨，它让我对生活更加感恩，对当下更加珍惜。

错误解读源于不合理信念

对生活事件的错误解读造成了我们的负面情绪和行为障碍，而我们没有意识到的不合理信念才是错误解读的根源。

大家想一想，你的意识深处，是不是藏着以下这些不合理信念：

1. 人应该得到生活中所有对自己重要的人的喜爱和赞许；

2. 有价值的人应在各方面都比别人强；

3. 任何事物都应按自己的意愿发展，否则会很糟糕；

4. 一个人应该担心随时可能发生灾祸；

5. 情绪由外界控制，自己无能为力；

6. 已经决定的事是无法改变的；

7. 一个人碰到的种种问题，都应该有一个正确、完满的答案，如果无法找到它，是不能容忍的；

8. 对不好的人应该给予严厉的惩罚和制裁；

9. 逃避挑战与责任要比正视它们容易得多；

10. 要有一个比自己强的人做后盾才行；

…………

这些隐藏很深的不合理信念，让我们对一些事做了错误的解读，并因此生出许多痛苦。处在中老年交界处的 50+ 女性，想在未来几十年活得更加积极乐观、轻松自在，要做到察觉和识别自己的不合理信念，不仅要对历史事件进行更积极的正确解读，也要防止自己对未来的新事件做出误读。

不要试图“忘掉”过去，那是自欺欺人的做法，只会把痛苦压抑得更深。退一万步说，即使你能够“忘掉”过去的烦心事、痛苦事，那现在或将来遇到烦心事、痛苦事，你怎么办？不学会积极乐观地对待生活中的大事小事，你只能在对事件的错误解读中不断地产生各种负面情绪。

我曾经有过前面所说的第一种不合理信念：“人应该得到生活中所有对自己重要的人的喜爱和赞许”，尽管我已经得到了父亲、祖父、外祖父、外祖母的百般疼爱，但我仍然对“妈妈没有那么喜欢我在乎我”而愤愤不平，我觉得自己有权利为此而心生怨恨，因为，我没有得到我应该得到的。

而“应该得到”是一个不合理信念，正是这个信念让我对妈妈的有些行为愤怒到“孰不可忍”的地步，多年的积怨也给我带来很多痛苦。看清这点之后，再回溯当年的事件，我就会接受“并不是所有对我重要的人都应该喜欢我”，有人喜欢，有人不那么喜欢，是很正常的事，不必烦恼，不必强求。

事情本来会更糟的

民国时期的复旦校花、大家闺秀严幼韵，生活在锦衣玉食的家庭，在家里被十几个用人服侍，上大学时父亲给她配备了专车接送。后来，她的人生遭遇很多变故。年轻时，外交官丈夫被日军杀害，她带着三个孩子去了美国，经历无数坎坷；老年时，她又遭遇女儿患病去世。然而，这位曾青年丧夫、老年丧女的女士，一直健康地活到 112 岁，她的传奇人生令许多人感慨、佩服。

我在她的传记里读到了一句话："事情本来会更糟的。"她周围的人说，严女士坚强乐观的人生态度来自她对生活的判断，她在遭遇非常严重的悲伤事件后，往往会说出这句让许多人不懂的话。她的意思是，这并不是最糟的事情，所以，我能够承受。

正是这个充满智慧的信念让她在遭遇任何挑战和变故时，都不会绝望，也不会抱怨，而是积极地应对，聪明地解决。

我用她的这句话重新解读了曾经令我难以释怀的几件事，便让我人生的"剧情"得到反转。

"妈妈在我 12 岁时收养儿子，冷落我，让我很委屈。"——事情本来会更糟的啊，爸爸也可以冷落你，但你却有一个那么懂你的好父亲。

“整个家族的人个子都很高，偏偏我是个不到一米六的矮子。”——事情本来会更糟的啊，你可能会既矮又不聪明，幸运的是你竟然没那么笨。

“我在高中、大学都没谈过恋爱，青春时光过得平淡乏味。”——事情本来会更糟的啊，你大学毕业之后可能会遇不到相爱的人，而你却幸运地和第一个男朋友步入婚姻。

“和丈夫一起创业时，我们曾经有几年吵得非常厉害，他对我不够关心体贴。”——事情本来会更糟的啊，你们可能会一直吵下去，甚至吵到离婚，而他却变得越来越体贴，你们的关系越来越好。

…………

对往事的重新解读让我得出一个新的结论，我是如此幸运，命运待我不薄，我再也不会抱怨“为什么我要承受这些糟糕的事”。

我认可这样一句话：我们不是被过去的经历造就的，而是被对经历的解读造就的，如何解读过去，不仅会影响你的情绪、感受，也会影响你今天的行为，还会影响你对未来的规划。

对于曾经压在心里的重担，想要放下，就必须修改自己一整套的不合理信念，这些信念里，既有对他人的过高期待，也有想掌控一切的幼稚执念，还有不知天高地厚的完美主义情结，以及不愿承担责任的懈怠悲观。所有这些不合理信念的本质，就是让你用虚假的幻想和真正的现实进行比对，从而得出“幻想美丽、现实丑陋”的错误结论。

一个人如果总觉得“丑陋的现实”配不上自己，自己值得过更好的生活，拥有更完美的原生家庭，拥有更令人喜爱的伴侣和孩子，这个人一定不会感到幸福和满足。正如情绪ABC理论的提出者、心理学家埃利斯所指出的，情绪是伴随人们的思维而产生的，情绪上或心理上的困扰是由于不合理的、不合逻辑的思维所造成的。

原生家庭不和美，是人生故事的某种开篇方式，它并不意味着后来的发展必定是悲剧；伴侣关系不和谐，只不过是提醒我们某些事需要改变，可以选择继续沟通或者一别两宽。总之，积极理性地解读那些一直困扰你的事件，无论是过去的，还是正在发生的，都会产生建设性的效果，因为，这样的解读会促进成长。

人生走到一半时，迈过那么多沟沟坎坎，遇过那么多恩恩怨怨，重新解读它们，就会让历史得到某种形式的“改写”，因为这样的“改写”，我们会变得释然、放下，不仅在今天活得更好，对明天也更加期待。

不想做“天使”，
就不会变“魔鬼”

不要幻想自己可以成为“天使”。当你心存这样的“妄念”，就会在道德上高估自己，也会对他人抱有你不愿承认的过高期待，最后无一例外，会让自己变成给亲人、家人、爱人带来不堪折磨的“魔鬼”。

哪个中年女人没经历过几次猝不及防的崩溃？

你照顾孩子尽心尽力，把所有的爱好都舍弃，某天早晨，你辛辛苦苦准备好一家人的早餐，青春期的孩子却撇着嘴说：“哎呀，怎么又是包子鸡蛋汤？”孩子他爹也跟着起哄：“就是啊，我早就吃腻了，你就不能换个花样？”于是，你把手里的筷子扔了出去，歇斯底里地大喊：“不想吃都给我滚！

凭什么我要伺候你们？”

你照顾患病的父母殚精竭虑，日夜操劳，父母却不断地指责你做得不好：“你看人家某某家的女儿，那才叫孝顺呢！”你忍了又忍，直到有一天，你查出了严重的子宫肌瘤，没敢告诉父母，他们却又一次因为小事抱怨你，你终于泪崩，哭着说：“我也不容易啊，你们到底要我怎样啊？把我累死你们才满意吗？”

…………

每一次的情绪崩溃都是之前无数次忍耐的积累。

对于很多中年女性来说，崩溃其实是偶发事件，在崩溃的边缘挣扎才是常态。

中年女性身负多重人生角色，她们希望能让所有人满意，所以，给自己制定了很高的标准，想把每个人生角色都演到完美，成为无可指责的“天使”。

尹风是我的一个来访者，她找我是想弄明白自己为什么经常情绪崩溃。她说，每次崩溃后她都很后悔，暗下决心，以后一定控制好情绪，但下次事到临头，她还是会崩溃。

她说："我对女儿尽心尽力，也付出很多，但是，情绪崩溃的时候我会说出很多不理智的话，很伤她的自尊心。每次折腾这么一回，她就和我疏远好长时间，我估计她现在把我对她的好已经忘得一干二净。我特别后悔，我不想这样，但就是控制不住自己。"

她的女儿已经参加工作了，但是，尹风仍然坚持每天比女儿早起一小时，给她做早饭，为了帮女儿节约时间，她甚至会给女儿把牙膏挤到牙刷上，她不让女儿自己收拾房间，还包揽所有家务活，不让丈夫插手，怕他做不好。

我对她说："你不用那么好，就不会那么坏。"她不理解。

我解释说："正是因为你竭尽全力地想做一个无可指责的母亲、妻子，才会导致你精疲力竭，你的身体用崩溃来告诉你，你其实做不到。你就是个普通人，会疲倦、会抱怨，怎么努力也不可能变得完美。所以，你的问题不是要控制情绪，而是要学会做一个正常的母亲、正常的妻子，不再强求自己成为完美的母亲、完美的妻子。"

人间无“天使”

过于苛求自己、委屈自己的人，潜意识里就是想做一个尽善尽美的“天使”，带给别人快乐、幸福，而恰恰正是这些努力想做“天使”的人，会变成关系中的“魔鬼”。那个时候，她们会计算自己的付出，期望得到相对等的回报，一旦得不到，就会抱怨、愤怒，对她们眼中“忘恩负义”的人恶语相向。

前面故事里尹风的女儿给我讲述的，是这个故事的另一个版本。

这个叫小欧的姑娘告诉我，她的母亲的确为她做了很多很多事，有时候对她像对幼儿园的小朋友，会把苹果喂到她嘴里，但是，一旦母亲觉得她的表现不合心意，或者没有表现出“感恩”，就会不满，甚至发飙。她说，母亲生气发怒时，会表现得和平时判若两人，说出口的话也句句带着伤人的“毒刺”，比如：“你就是个寄生虫，除了我愿意养你，哪个男人会要你？”小欧说：“听了母亲说的话，再让我相信她爱我，也是挺难的。”

我的母亲对我也曾有过“天使”般的举动。

我 12 岁时生过一场大病，需要输血保命，母亲执意不用血库的血，而用她的血，因为亲缘关系的血比外人的血更安全，她不希望我冒一丝的风险。输了母亲 1000cc 的血后，我的身体渐渐康复。

她“输血救女”的故事让她成为“天使母亲”，知道这件事的人无不对我母亲交口称赞，她自己也觉得她做出了一般母亲做不到的牺牲。于是，这件事就让我欠了母亲巨大的“人情”，每当我做了一些不符合她心意的事，比如，高考时报了外省的大学（她只允许我报本省学校），或是大学放暑假后，在校园多玩了几天才回家，她就会气得声泪俱下，骂我不懂事、“没良心”，我被指责得无言以对。

其实，很多年我都在心里憋着一句大逆不道的话：“我真希望当年您不要那么伟大，不要亲自给我输血，让我像其他病人那样，用血库里的血，那样，我就不会背负一辈子都还不清的债了！”但我怎么可能说出口呢？

为什么想做“天使”的人，最后变成了“魔鬼”？

因为，人间本无“天使”，人就是人，有人的良善，也有人的自私，付出了就想得到回报，爱了人也想得到对方的爱，牺牲太多就会委屈抱怨……这是基本的人性，需要被了解，被尊重，而不是被批评。

每个人都不会成为“天使”，这是我们的人性决定的，每个人也不要幻想自己可以成为“天使”，因为当你心存这样的“妄念”，就会在道德上高估自己，也会对他人抱有你不愿承认的过高期待，最后的结果，无一例外，真的是无一例外，会把自己变成给亲人、家人、爱人带来不堪折磨的“魔鬼”。

天使的“诡计”：掌控一切

我也曾经想做“天使”，无论是对丈夫还是对孩子，都有过分付出的倾向。回想当年，那样做的时候我肯定是希求回报的，自己却不愿承认，每次的情绪发作，不管表面原因是什么，深层原因都是我觉得他们没有体谅我、感激我。

我曾经对自己的过分付出引以为傲，我觉得“牺牲”“奉献”这样的字眼很伟大，我要成为一个伟大的人。但是，我也常常感到迷惑，为什么努力想“伟大”的我总感到身心俱疲？为什么我要用“伟大”把丈夫、孩子衬托得格外渺小？

多年之后我意识到，是超强的掌控欲让我采取了“先发制人”的策略，过分付出就可以“逼迫”丈夫孩子只能感恩、服从。

他们不一定识破了我的“诡计”，我自己当年也没有意识到，所以，在很多年里，我一直陶醉于扮演“伟大的妻子”“伟大的母亲”，他们爷儿俩就不得不“配合”我，扮演“不体贴的丈夫”和“不懂事的孩子”。

包括对待婆家，我也经历了从“天使”到“魔鬼”的转变。

婚后很多年的时间，我极尽所能地满足他们的需求，对不合理的要求也不反驳、不拒绝，以为自己不仅能任劳，还能任怨。然而，我毕竟是人，哪是什么“天使”，他们对我的不公平我都记着呢！在我更年期到来后，激素变化所带来的剧烈情绪反应，让我恨不得跟他们“老账新账一起算”，在对方看来，我可不就变成了“魔鬼”嘛！

我对自己进行了深入的分析。原生家庭的某些遭遇让我不太相信真实的自己是值得爱的，逞强好胜的个性也让我对于掌控局面很迷恋，所以，我才会非常“聪明”地采取了这样的计策：先做一个付出付出再付出的人，然后，就可以“换取”别人的爱和感恩，这样，我不仅获得了想要的爱，还获得了掌控感。

其实，每一个和我有过类似经历的女性都是内心极度缺乏安全感的人，我们害怕自己不被爱，不被尊重，担心在不能掌控局面的时候会发生让自己受伤害、受羞辱的可怕的事情，所以，才会对掌控感有了不合常理的过度需求，在自己都没有觉察的情况下，为了满足自己的掌控感，才伪装成“天使”。没想到，人是变不成“天使”的，装不下去之后，最终变成了关系中的“魔鬼”，差点失去家人的尊重和爱。

如果看清这点，就可以学着慢慢地寻找让内心强大的力量，当你确信你不用过分付出、不用表现完美也值得被爱，你也许就不想做“天使”了。

做个真实的人，就不会变“魔鬼”

成为关系中的“魔鬼”肯定不是我们的主观选择，可是一旦成了“魔鬼”，不仅前功尽弃，所有的付出都打了水漂，而且，至亲至爱的人对我们的疏远、逃避才更令人伤心。

不想变“魔鬼”，就不要做“天使”，要有勇气做一个有真情实感的平凡人、普通人。

我在经历了想做“天使”却变成“魔鬼”的尴尬过程之后，不再试图用表现“完美”来换取丈夫、孩子的爱，而是，收起“隐形的翅膀”，踏踏实实做一个有爱心也有脾气的正常人。

工作太累的时候，我不再勉强自己给家人做饭，他们可以自己做，也可以点外卖，甚至我还可以要求丈夫给我做一顿可口的饭菜，我有这个权利，他其实也很乐意这么做。

我不再为了陪丈夫去婆婆家而推掉和闺密的约会，婆婆高兴不高兴是她的事，我高兴不高兴才是我的事，甚至，“见不到我，婆婆大人会不高兴”根本就是我的主观臆测。

我也不再伪装自己强大，和丈夫吵架之后，我会和已经成年的儿子哭诉，他小时候是我开导他，现在被他开导感觉也不错……

最关键的，不想做“天使”，是因为我不再害怕展露软弱和缺点，我用了很多年的时间学习自我接纳，慢慢地明白，我不可能伪装成另一个人来博取别人的认可和爱，真实的我不完美，但仍然值得爱，比假装的完美可爱多了。

当我变“懒”了，变“馋”了，变得有脾气了，其实就是变得更真实了，丈夫和孩子都不再怕我了，他们告诉我，以前我起早贪黑、事必躬亲的时候，他们时时捏着一把汗，总害怕我不知何时会找他们的碴儿，然后噼里啪啦发一顿火，现在的我，更柔软，更可亲。

而且，我也对自己过强的掌控欲有了清醒的觉察，一旦我又想对丈夫孩子的事“亲自出马”时，我就会提醒自己：“老徐老徐，你要干什么？这是人家的事，用不着你多操心。”没有越俎代庖，就不会在事后因为操劳过度而对他们进行批评、教训。

说实话，年过半百的女性，体力精力都有限，能够好好照顾自己已属不易，苛求自己、过度付出，实在是有损身心健康。

如果你感到累，就不必天天早起给家人做早饭，他们都有手有脚，你不做饭也饿不死，你放轻松了，他们也学会自理了，偶尔当你有兴致给他们做早饭时，他们高兴还来不及呢，哪会抱怨“怎么又是包子鸡蛋汤”？

如果你尽心尽力照顾父母，他们仍然挑剔抱怨，你完全可以减少回家看他们的次数，还应该把责任和其他兄弟姊妹分担；同时，不要把让父母满意当目标，自己问心无愧就足矣，这样，才不会把自己累病、累垮。人到中年，父母爱不爱你已经不重要了，你要学会爱自己。

学会接受真实的自己，确信自己值得被爱，不用靠委屈和付出来维系一段关系，就不会在家庭中，在和亲人的相处时，因付出过多而情绪崩溃，因疲惫不堪而翻脸骂人，不想做“天使”，当然不会变“魔鬼”。

不强求的智慧

不强求，是年龄带给我们的必修课，现在不学，不仅当下的煎熬和焦虑会折损我们的幸福，晚年肯定更加不好过。

45 岁左右，我发现自己看书看杂志变得吃力，光线稍微不好就看不清字，时间一长就头晕，以为是视疲劳，休息休息就会好。有一天在街边散步，遇到一个卖老花镜的摊位，我先生开玩笑地让我试试，我一边说着“我才多大年龄怎么会眼花”，一边把眼镜戴上，摊主随手递过来一张字迹极小的卡片，我看了一眼，天哪！太清楚了！摘了眼镜再看，全是小黑点。

“我眼花了？怎么年纪轻轻就眼花了？”虽然我同意先生为我买下了那副100度的老花镜，但心里一直默念着这句话，不肯接受现实。

不接受又能怎样，老花眼是退行性改变，不可逆转，我只好调整思维，感谢老花镜的存在，尽量买样式美观的花镜，不再和规律较劲。

50岁以后，你会渐渐发现，越来越多的事情需要你学着接受，不仅仅是眼睛要变花，头发要变白，行动不再敏捷，思维变得迟缓，还有，年迈的父母总有一天会离你而去，儿女也会用另一种方式离你而去，曾经无话不谈的朋友见面越来越少，相濡以沫的爱人也未必总能和你心心相印……

越来越多的时刻，你会感到力不从心，对别人没把握，对自己也不是很有把握了。

十几岁时，你可能会因为暗恋的男生爱着别人而感到遗憾和悲哀；人到中年之后，就应该学会换个眼光，看到当年“我有我所爱，他有他所爱”的美好。

20多岁时，你也许把“要么不做，要做就做最好”当作座右铭；如今，看清“人生不如意者十之八九”的真相，把座右铭换成“做就比不做强”，会让自己更自在。

30岁时，你坚信“努力一定会有回报”；历经世事变迁之后，你可能早已明白“人生在于过程，结果并不重要”。

当年的你，幻想的爱情是“山无陵……天地合，乃敢与君绝”；如今的你，看过那么多劳燕分飞，终于懂得贾樟柯电影《山河故人》里的那句话“每个人只能陪你走一段路，迟早是要分开的”……

走过人生一半旅程之后，要想后半生过得从容舒坦，就不能再事事强求，那样的话，既为难自己，也为难别人。

不强求，就不焦虑

中年女性的焦虑似乎已经被全社会都看到了，不管别人是同情理解，还是冷嘲热讽，身为中年女性的我们，唯有找到焦虑的源头，方能重获内心的平安。

我们必须承认，自己已经到了“心有余而力不足”的年龄，无论年轻时多么争强好胜，现在也要学会随遇而安；但改变思维模式进而改变与他人的相处模式，没有那么简单。

中年女性的焦虑常常是强求的副产品，对于求之不得的东西，不懂得审时度势地放弃，焦虑自然席卷而来。

乔娟的儿子大学毕业后留在了上海，迟迟无法实现母亲定下的买房目标，努力了几年后，觉得压力太大，想回家乡发展。

没想到，乔娟死活不同意，她觉得，儿子如果从上海这样的一线大城市回到家乡三线小城，就说明他混得不好，会被周围人笑话。

儿子继续在上海苦苦打拼，乔娟心里也焦虑万分，一边在心里责怪儿子没本事，一边和老伴从牙缝里省钱，想帮着孩子凑首付，日子过得苦不堪言。

丈夫说她心太强，儿子怪她太虚荣，她不承认，还说："人家 ×× 的孩子不是在大城市干了几年就买房买车？我儿子凭什么比别人差？"

她不愿承认人和人有差距，也不愿承认自己的孩子是一个普通人，也许一辈子都不会大富大贵，对她来说理所当然的目标，对儿子来说高不可及。

几年过去了，买房子的首付还没有攒够，上海的房价又涨了好几番，不知从何时起，乔娟的儿子换了电话，她无法主动联系儿子，只有等待儿子一两个月才和她通一次电话。

活到半百之年，如果还不能接受自己的孩子是平凡人，自己的父母是平凡人，自己也是平凡人，那就会在余生不断地强求别人，也强求自己。

乔娟这样的女性之所以不愿意放弃对人对己的过高期待，甚至不承认自己的期待和要求是超出能力的，是因为，她们觉得期待越高动力越强，目标远大才显得不甘人后。心存这样执念的人，通常是用输赢来考量人生，而非以幸福与否来评价生活，她们明知道放弃过高期待或不合理的目标，更容易获得幸福，但却因为这样做就无法“赢”了别人，而觉得是失败和认输。

年轻时这样想，已然是缺少智慧的意气用事，但那时候毕竟身强力壮，有些目标也许努努力还够得着；50 多岁本该“知天命”的年纪，若还以输赢论人生，不接受平凡是大多数人的归宿，不承认自己也并无多少过人之处，那就只能在怨人怨己的焦虑中日日煎熬了。

很多女性为儿女的学业担忧，为儿女的工作费心，为儿女的婚事发愁，还要为儿女婚后生不生孩子、生几个孩子而操心……如果是因为爱，那儿女一定领情；如果是因为想在这些事上不输给别人，甚至一定要赢了别人，那儿女不领你的情，甚至嫌你虚荣而疏远你，你也没啥好抱怨的。

不强求才天地宽

我在年轻时是一个特别追求结果的人，不仅自己争强好胜，还希望老公孩子也不落人后，最讨厌别人说“差不多”或者“凑合”。我曾在日记里写下“我的人生字典里没有‘放弃’二字”，当时觉得气吞山河，现在看来傻气十足。

我儿子上初中后，对于分数和名次缺乏追求的动力，和我产生了严重的分歧。我怒他不争气，他怪我强人所难，我先生则站在他儿子那边，对我说：“不是只有你那一种方法才能获得幸福，我就没上过大学，现在不也活得好好的？”

我不认可我先生的观点，但也改变不了儿子，于是，陷入很长时间的焦虑，只要一开家长会，提前几天就会睡不好，开完会之后，连着一周唉声叹气。

为此，我看了很多书，也寻求了专业人士的帮助，终于在某一次儿子考试成绩又创新低之后，豁然开朗了。

我一直希望儿子的成绩能进班级前五名，常常抱怨他：“你明明能做到，为什么不肯努力？”那次看到儿子的成绩单，我突然意识到，也许，这就是他努力的结果，他学习文化课的能力就是这样，只不过我不接受罢了！那么，这个学习成绩达不到我要求的孩子，他就不是我儿子了吗？我就不爱他了吗？当然不是。

想到这些，我就放轻松了，我接受了儿子本来的样子，接受了他不像我那样在乎分数和名次，也接受了他学习成绩一般般。我想，就让他按自己的节奏去学习，取得他应有的成绩，能考第几名就考第几名，我有什么好焦虑的？

不再强求儿子达到我的标准和要求，不仅让我放下了焦虑，也让我看到了真正的他：一个对于组织活动和协调人际关系有超强兴趣和能力的人，一个愿意花大量时间看欧美电影和电视剧的人，一个喜欢倾听并且非常善解人意的人，一个数学很差但英语说得很漂亮的人。这样的孩子，即使不是班级前五名，未来的人生也不会差啊！

有意思的是，我不强求了，我的儿子反而有了学习的兴趣，他不再花精力反抗我的压制，才有了动力去思考人生的方向。

他现在已经大学毕业，对于人生自有他的安排。庆幸的是，我们早已达成默契；无论他选择什么行业，从事什么工作，都是他自己的事；他找什么样的女朋友，什么时候结婚，也是他的事；甚至，他结不结婚，生不生孩子，都是他的事，我和他爸只会祝福，不会干涉。

很多见过我儿子的朋友常常夸赞他懂事、成熟、有主见。我也很自豪：我们的母子关系是亲密的，而不是纠缠的；是互相尊重的，而不是彼此绑架的。我学会了不强求，他才有更宽广的天地发展自我，我也有了更多的时间、精力去实现我自己的梦想。

有所求，但不强求

不强求，不是心如死灰，无欲无求；不强求，不是消极懈怠，悲观被动。不强求，是对自己有所求，但不苛求；是对他人尽量无所求，绝不要苛求。

在现实生活中，我发现爱强求的女性有两类：一类人，强求他人，对自己却无所求，她们不愿意学习，不在乎成长，不管理自己的身材，不节制自己的情绪，却对身边的人几近苛求，希望别人满足她的想法，帮她实现生活目标；另一类人，对自己要求很高，对他人也同样高标准，既苛求自己，也苛求别人。

第一类人，当然很不招人喜欢。这样的人，做母亲做妻子都会是另一方的灾难，最好和她们连朋友都不要做；第二类人，因为对自己苛求在先，被苛求的家人似乎就不好再抱怨什么，而我，曾经就是这类人。

我们都知道“己所不欲，勿施于人”，走过半百人生之后，还应该做到“己所欲，也勿施于人”。你想要的生活你可以去追求，干吗非要“推销”给别人？比如，你想出类拔萃就去卧薪尝胆，但不要批评别人享受生活的“小确幸”；你喜欢只争朝夕就去快马加鞭，但不要笑话别人的慢节奏、慢生活。

我后来发现，正是因为我太苛求自己，才不由自主地苛求他人，当我学会放轻松，接受自己能力有限、精力有限、运气有限，在有限的人生里仍然可以过得滋润幸福，我对老公孩子的苛求也就慢慢消散了。

但我仍然是一个对自己有所求的人，中年之后开始减肥，重新回到校园学习英语，通过努力成为心理咨询师、AACTP 国际注册培训师，以及连续三年每年出版一本书，都是我对自己有所求的结果。这些追求，丰富了我的生命，拓宽了我的人生格局，让我看到了更多的可能。

那么，怎样才能把握“有所求但不强求”的平衡点？

八个字——全力以赴，顺其自然。

曾经的我，百分百能做到全力以赴，但就是不肯顺其自然，于是，在出现不满意的结果时，我会懊恼愤怒。比如一件事实现了预期目标的80%，我无法享受已达成目标的喜悦，只会为缺失的 20% 自责悔恨。现在想想，这样真的很傻。

其实，世间事怎可尽如人意？当我们尽了自己的本分，就该把结果交给天意。所谓苛求、强求，不过是在勉强自己非要纠缠一个达不到的结果。所以，不强求，是年龄带给我们的必修课，现在不学，不仅当下的煎熬和焦虑会折损我们的幸福，晚年肯定更加不好过。

学会不强求别人，你和周围人的关系模式会发生颠覆性改变，你们之间流淌的爱意会滋润双方的心灵，幸福感会大大提升；学会不强求自己，你和自己的关系会发生很大改变，在接受自己的能力边界之后，你更能体会之前所忽略的各种美好。

不强求的世界，才更值得留恋啊！

心想才能事成

潜意识才是目标实现的真正驱动力，
事不成，是因为心不想。

“心想事成”是一句人们常说的祝福语，意思是心中想要的，都能圆满达到。似乎每个人都喜欢听到这样的祝福，但是，很少有人知道，自己意识里特别渴望特别想要的结果无法实现的真正原因，正是因为我们内心里，也就是潜意识里，并不想要。

听起来是不是有点不可思议？

回忆一下，你的生命经历中，是否出现过这样的情况：意识里特别渴望特别想要的目标，却怎么努力都无法实现？

比如：改掉自己的坏脾气；离开不爱自己的男人；远离忘恩负义的亲戚；不再乱花钱，为某个目标攒钱；减肥，改变现在的形象；甚至，怀一个孩子……

从心理学的角度去觉察什么是自己真正想要的，并不是一件容易的事，所有你希望实现的目标，都是你的意识想要的，但不一定是你的潜意识想要的。如果意识和潜意识目标一致，迟早会实现；如果意识和潜意识目标不一致，它们就会发生较量，而在每一次较量中最终获胜的，无一例外是潜意识。

换句话说，潜意识才是目标实现的真正驱动力，事不成，是因为心不想。

潜意识还会在另一个方向让我们领教它的威力，身体的疾病、计划的毁坏、关系的破裂等意识里不希望发生的事情，实则是潜意识想要的。这样的“心想事成”真的令人毛骨悚然。

所以，治疗心理问题，解决人生困境，都需要我们通过自我觉察以及专业人士的帮助来让潜意识意识化，从而弄清楚自己内心真正想要的是什么。

父亲去世后，离婚的乐凡和母亲一起生活。这几年，她一直忙两件事，一件是减肥，另一件是相亲，但没有一件有结果。

乐凡只有40岁，离婚后胖了30斤，体重高达160多斤，臃肿的身材不仅让她看起来比实际年龄老很多，而且，因为肥胖而引起的高血压、高血糖也令她的健康受到了影响。

乐凡找我，是想了解“心理减肥”的方法，她隐约觉察到自己的肥胖和心理因素有关，但又不知道具体是什么。

很多次的交谈之后，我们之间建立了很好的信任，她的故事也就渐渐清晰起来。

乐凡父亲的去世和她有关。当时，她和前夫为离婚打得不可开交，一度影响了父母的正常生活，为她担心焦虑的父亲，本来就疾病缠身，这么一折腾，身体很快就垮了，不到一年就因心脏病发作而去世。

乐凡对父亲的死一直怀有深深的愧疚，也对母亲的孤单感到自责难受，所以，陪着母亲度过余生，似乎是她唯一能表达自己忏悔的方法。

她的意识里虽然想再婚，但潜意识里却想用独守空房来向父母谢罪，所以，她用越来越胖的身材杜绝了被相亲男人看上的可能，这样，她就不会因为再婚而“背信弃义”。

我告诉乐凡，减肥和再婚是两回事，再婚和丢弃母亲也是两回事。减肥可以让她变得更健康更苗条，是否再婚看她自己的选择；即使选择再婚，也许对方会同意她带着母亲同住，或者，她可以经常回家探望母亲。

在我的建议下，乐凡和母亲做了一次深入的交流，把心中对父亲的愧疚告诉了母亲，也把自己对于再婚的矛盾心理和盘托出。母女俩痛哭了一场后，乐凡的母亲告诉她，自己从来没怪罪过她，也特别希望她能找到自己的幸福。

在减肥这件事上，乐凡的意识和潜意识达成了一致，她就慢慢瘦了下来。对于何时能遇到可以再婚的对象，她有了信心，也不再焦虑。

觉察潜意识，从看见拧巴的自己开始

对于几乎可以决定我们人生走向的潜意识，只有觉知才能看见，只有看见才能面对，只有面对才能接纳，只有接纳才有可能改变。如果，我们不能让潜意识浮出意识的水面，就会在面对渴望达成的目标时，无论多么努力，也终究无济于事，久而久之，就会对自己既失望又迷惑，想不明白“为什么自己这么拼命，却过不上想要的生活”。

觉察潜意识，要从看见拧巴的自己开始。

这里说的拧巴，意思是自己和自己较劲，面对一件事，有两种方向相左的力量在互相牵扯，常常出现自相矛盾的心理状态。

你特别渴望的目标却无论如何都在行动上没有进展时，就是出现了拧巴的状态。

想减肥，却不能遵循减肥食谱或者运动计划；想攒钱，却不想制订存钱计划，一有机会就乱买东西；想改掉坏脾气，却一遇事就发火，不发火就难受；想离开那个不合适自己的男人，却每每为他找各种理由辩解，然后给自己找各种借口留下；对于亲戚借钱不堪其扰，却在人家再次开口时，答应得很爽快……

其实，人生有不同的活法，减不减肥没有对错，攒不攒钱也无关是非，好脾气坏脾气都是选择，和什么样的男人一起生活也完全是自己的私事，借给亲戚钱或者拒绝他们，外人无权评价两者的优劣，但是，求仁得仁就会舒服、自在、不拧巴，否则，就会自己和自己闹别扭，总觉得自己活得很被动，想要的东西得不到，不想要的东西甩不掉。

如果，你能看见自己的这些拧巴，觉察之旅就开始了。

首先，学会和自己对话。

问自己，“我真的想减肥吗？”，或者，“我真的想攒钱吗？”“我真的想改掉坏脾气吗？”“我真的想离开他吗？”“我真的想拒绝亲戚借钱吗？”，等等，把你感到困惑、拧巴的事，拿出来认真问问自己。

不要急着在意识里做出显而易见的回答，静下来，多重复几遍，让自己的心去体会这些问题。

你还可以换个问题问自己，比如“减肥成功会让我失去什么？”“按计划攒钱会让我失去什么？”“离开他会让我失去什么？”“拒绝亲戚借钱会让我失去什么？”，等等。

为什么是问“失去什么”而不是“得到什么”？因为无论是减肥成功还是攒钱成功，或者离开渣男以及拒绝借钱不还的亲戚，能够得到什么你是非常清楚的，但这些显而易见的好处并不能让你有动力去做这些事，所以，一定是做这些事可能会带来的“坏处”让你无法按计划行事。也就是说，你不做，是因为怕失去。

你的潜意识里不想做、想逃避的事，一般来说和恐惧有关。

人最大的恐惧就是死亡，而死亡是一种绝对的失去，失去生命，失去意识，失去存在，所以，人类所有的恐惧几乎都是死亡恐惧的折射，因此，恐惧的核心是害怕失去。

那些你意识里渴望的事虽然看起来很好，但你的潜意识却觉得这些事一旦做成，会带来重大的损失，所以，才会千方百计阻止计划的实施和实现，以躲避那个可怕的损失。

每个人的人生经历不一样，同一件事可能会激发不同的恐惧。我当年迟迟不愿意减肥，是因为害怕我变瘦了就不像妈妈了，她很胖，我也应该很胖，我必须和她身材保持一致，才能让她在收养了儿子之后，不要忘了我是她的亲生女儿；我的一位闺密减肥不顺利，是因为她特别害怕减肥之后胸部会变小，她是个大胸美人，她觉得丈夫很在乎这点，她害怕胸变小了就会失去丈夫的爱……

不管你心里恐惧的是什么，你要知道，正是那个恐惧，那个你以为自己无法承受的损失，阻碍了你想要达成的目标和计划，让你活得很拧巴。

放弃目标，或者直面恐惧

当你觉察到意识和潜意识背道而驰给你带来的纠结和困扰之后，你可以选择放弃目标，不减肥了，不攒钱了，不离开渣男了，不改坏脾气了，不拒绝亲戚借钱了；大大方方做一个快乐的胖子，做一个今朝有酒今朝醉的人，做一个和渣男天长地久的人，做一个放纵自己脾气的猛人，做一个对亲戚永远慷慨大方的“提款机”……你认真想一想，你做得到吗？

每一个在意识里想要达成的目标后面，都藏着一个已经给我们带来危害的现状，正是对这个现状的不满意，才让我们升起了改变的意念。如果放弃目标，放弃改变，就意味着我们要接受那个现状：肥胖带来的自卑或者疾病、不攒钱带来的财务危机、坏脾气对家人关系的破坏、渣男对自己的暴力或情感伤害、外债对家庭财务的负面影响，等等。

几乎没有人可以坦然接受这样的现状，如果不想被动地承受，就必须直面内心的恐惧，把藏在潜意识深处的担忧和害怕完全暴露在意识层面，让那种由恐惧引发的痛苦感受得到抒发和排解。让潜意识和意识达成一致的目标，改变现状的计划才会得以真正实施。

也许，你不愿意攒钱，是因为小时候的贫穷让你害怕那种不能随意花钱的困窘；你不愿意改掉坏脾气，是因为你害怕脾气变好了会被人欺负，就像当年软弱的母亲；你离不开渣男，是因为你认可了父母曾对你的贬低，害怕除了他没有人会愿意和你在一起；你不能拒绝亲戚借钱，是因为你其实很享受被别人感激，害怕拒绝他们会破坏了自己慷慨的好名声……

看到这些恐惧，不要躲避，认真问自己，这些是现实中存在的威胁还是存在于我们头脑中非理性的观念？当你确定是后者时，去改变它们，修正它们，不再自己吓唬自己，你就会发现，你可以去做你想做的任何事。

当然，这个过程非常艰难，有的时候，单凭一己之力无法实现，需要从事心理咨询辅导和治疗的专业人士的帮助；但我要告诉大家的是，虽然过程艰难，但会给你的生命带来极大的改变。这种几乎可以用脱胎换骨来形容的改变，我亲身经历过，至今仍在享受它带来的愉悦和满足。

38 岁时，我开始减肥，反反复复减不下去，直到我慢慢看见了自己害怕变瘦的内心——是因为害怕失去母亲的认可和关爱。我用几年的时间，战胜了内心的恐惧。

直面恐惧让我接受了真实的母亲，那个想爱我却没有能力的、不完美的母亲，也让我勇敢地“背叛”了她，减掉了整整 50 斤，变成和她不一样的身材，活出和她不一样的人生。

我用亲身经历告诉你，通过探寻自己的潜意识来触摸、疗愈过去的伤痛，过程的确艰难，但值得你去尝试，去冒险。不经历这个过程，渴望达成的人生目标会一直离你很遥远；直面恐惧，你才敢于去追寻真正想要的，你才能给自己的后半生一个新的可能，一个心想事成的美好未来。

婚姻不是
幸福的唯一来源

婚姻是一种生活方式，它本身不会带来幸福，只有好的婚姻才能带来幸福，所以，结束一段婚姻或者重新开始一段婚姻之前，要认真思考一下，你是要婚姻，还是要幸福。

著名舞蹈家杨丽萍在网上发布了自己的一段视频，评论区里有一条醒目的留言，第一句就是“一个女人最大的失败是没一个儿女”，接着还说“所谓活出了自己都是蒙人的”。令人意外的是，这样一条留言，竟然获得了一万多人的点赞。

事件发生后，网上掀起了热烈的讨论，作为官媒的《中国青年报》也发表了以下观点——

“所谓‘不生孩子就是女人最大的失败’，本质上是用一种狭隘偏见的框架，居高临下地对他人进行品头论足。在这种僵化的理念中，生育被强行置于价值排序的第一位，而女性的事业、友情、兴趣，甚至爱情维度，都被淡化和抹煞。”

据网上消息显示，留言者是一位女性，点赞的一万多人中有多少女性则不得而知，我猜比例也不少。在后续的很多公众号文章中，评论区仍然能看到不少很明显是女性身份的人，继续发表对不婚不育女性的批判和贬损。

现实生活中，我认识几个人到中年仍然没有做母亲的女性，她们有的是自己选择了不生育，有的则是因为这样那样的原因不能生育。在我看来，她们的人生都很精彩，有爱情，有事业，有朋友，有爱好，并不比我们这些有孩子的人缺点什么。

女性除了被“是否生育”来定义，还会被“是否有婚姻”来定义。香港著名女演员李若彤针对杨丽萍因为不生育被指责一事在微博上说，她几乎每天都会被人私信，问她“你为什么还不结婚”，她说她很想反问一句“我为何一定要结婚”。

我不能说每一个认为女性必须结婚必须生育的人都不怀

好意，但我要说，所有持这些观点的人，大多有一个集体潜意识，那就是“有婚姻一定比没婚姻幸福，有孩子一定比没孩子幸福”。更令人难过的是，许多没有婚姻没有孩子的人，也有这样的潜意识。所以，没有婚姻不是不幸福的原因，认为“没有婚姻就一定不幸福”，才是不幸福的原因，在孩子问题上也一样。

没有婚姻或者没有孩子，只是一个客观事实，它不会影响我们的情绪；对这个客观事实如何解读，才是造成当事人困扰或苦恼的原因。

杨丽萍目前没有婚姻没有儿女，她对这件事的解读并没有让她深受困扰，也没有让她感到遗憾，那些为她遗憾甚至想借此贬低她的人，就显得特别可笑，也特别霸道。

幸福就是“我不要你觉得，我要我觉得”

说到底，幸福是个体的主观感受，没有人有权利替别人决定怎样就是幸福，怎样就是不幸福；但是，即使没有这些“咸吃萝卜淡操心”的吃瓜群众的聒噪，很多女性仍然在不知不觉中，把幸福的标准定得过分单一，这样一来，不符合那个单一标准的生活状态就会让她们感到不幸福了。

如果说生育这件事尚且还有“心有余而力不足”的可能，那么婚姻则更多是自我的选择；所以，人到中年之后，是否要继续早已同床异梦的婚姻，是否在离婚后必须再一次进入婚姻，应该完全取决于自己。

经常有女性朋友问我，在丈夫出轨后仍不悔改或者常年吵闹甚至家暴的情况下，“要不要离婚”。我从来不会给她们一个“离”或者“不离”的简单答复，而是反问她们：“你这么多年不离婚的原因是什么？”她们的回答非常让人深思。

有的说“总觉得他会变好”，有的说“毕竟还有感情”，还有的说“害怕离婚以后被人笑话”“再找一个也好不到哪里”。虽然，没有一个人说“有婚姻总比没婚姻强”，但我觉得，这句没有人说出口的理由，才是她们忍受不幸福婚姻这么久的根本原因。

如果她们的观念不改变，离婚后也很难感觉到幸福，因为，她们无法相信自己在失去婚姻后仍然能拥有幸福，毕竟，潜意识里她们认定“婚姻是女人幸福的唯一源泉”。

黄晓明在一档真人秀节目里说了一句话：“我不要你觉得，我要我觉得”，这句话如果用在与人合作或者沟通上，肯定是有问题的，但是，如果用在对于幸福的感觉上，就一点问题没有。

幸福，不是你觉得幸福或他觉得幸福，而是我觉得幸福。对于幸福的感受，不用参考他人，幸福就是“我不要你觉得，我要我觉得”。

我的一位来访者小寇，38岁，丈夫多次出轨，她想离婚，但身边的人劝她，“男人都一个样”“别的女人也是这样过来的”“等他老了就收心了”。她告诉我，亲戚朋友都觉得她小题大做，让她觉得自己的痛苦特别矫情，所以，不知道该不该提离婚。

我告诉她，别人可以不把丈夫出轨当回事，但如果你无法忍受，感到痛苦，就必须寻求解决办法，因为，你的感觉最重要，你只能过自己感到幸福的生活，而不是按别人的模板来“表演幸福”。

婚姻里不一定有爱情

婚姻是一种生活方式，它本身不会带来幸福，只有好的婚姻才能带来幸福，所以，结束一段婚姻或者重新开始一段婚姻之前，要认真思考一下，你是要婚姻，还是要幸福。

不管你做什么选择，你越清楚自己要什么，越容易“求仁得仁”，不然，你会“怎么选都是错”。

我的一个朋友明乐，她在纠结了几年后，不再想要离婚。她告诉我，她和丈夫早就没有感情了，但是，利益瓜葛太多，离婚会耗费巨大的精力，家族的事业也会损失很大，所以，她放弃了离婚的想法，更主要的是，她放弃了在婚姻里得到幸福的期待。

她很清楚，他们夫妻两人现在应该努力的方向是互相尊重，保持底线，为了共同的目标各自妥协，而不是期待对方改变，重新变成恩爱夫妻；虽然这让人感觉很无奈，但却是更加符合现实的可能。

据我了解，很多处在明乐这样困境中的女性会有一点自我怀疑：“明明不爱对方了，仍然要保持婚姻状态，是不是显得特别不勇敢，不诚实？”

我要告诉大家的是：从法律上讲，结婚的第一个前提是“男女双方必须完全自愿”，其次是“必须达到法定的结婚年龄”，以及“要符合一夫一妻原则”和“当事人一方或者是双方之间不存在法律禁止结婚的情况”。从这四条看，法律没有要求男女双方必须相爱才能结婚，那么，也就不会有“不相爱就离婚”的法律要求；即使从道德层面上讲，离不离婚也只取决于双方当事人的决定，和勇敢没关系，和诚实也没关系。

婚姻里不一定有爱情，有的之前有，现在没了，有的从来就没有。这才是婚姻的真相，能够相爱到白头，当然值得羡慕，但是，也要承认可遇不可求。

如果明乐不离婚，却仍然认为幸福只有从婚姻里才能获得，那她就会在后半生陷入“求而不得”的失落；如果她认清了婚姻的真实属性，明白婚姻不是幸福的唯一来源，就会更好地调整自己的心态。

活出自己比婚姻更重要

没有儿女不等于不幸福，没有婚姻也不等于不幸福，幸福和你的婚姻状态无关，和你的生育状态也无关。

那个贬损杨丽萍的网友说“所谓活出自己都是蒙人的”，那是她的狭隘蒙住了她的双眼，她根本不知道那些“活出自己”的人到底有多爽，根本不知道人生除了她所追求的“儿女绕膝的天伦之乐”，还有很多不一样的幸福可以去追求。

活出自己的人无论是否有婚姻，无论是否有儿女，都是值得羡慕的，因为，这样的人一定会得到幸福。

当代女性哲学家海勒提出了著名的“幸福人生三要素”，分别是：个人禀赋的充分发展，人与人之间深刻的情感联系，以及，正义。对照这三个要素，对于幸福的模糊想象就可以变得清晰，对于幸福的错误认知就可以得到纠正。

活出自己的人一定会将个人的禀赋充分发展，就像杨丽萍，把她的舞蹈才能和对生命的热爱发挥得淋漓尽致，创造出那么多优美、震撼的作品；活出自己的人也会努力和他人建立深刻的情感关系，包括但不限于和丈夫、和孩子的关系，这样的情感关系，会给我们带来生命的滋养，让我们感到幸福；活出自己的人，绝不会是狭隘自私的人，他们不会把自己的价值观凌驾在他人身上，也不会随意贬损、批评他人的人生选择，他们一定对生命更懂得，对他人更慈悲，因为，在这样的人心中，一直有正义。

所以，对于女性来说，选择不结婚，没问题，选择不生育孩子，也没问题，但是，一定要选择活出自己。

对于纠结于婚姻难题的女性来说，离不离婚，是否再婚，都不是非黑即白的对错选项，只要你清楚地知道，活出自己才能让你得到幸福，你就不会为符合别人的标准而左右为难，怎么选都没问题。

活出自己比经营婚姻更重要，比养育孩子更艰难，也更长久。当你了解自己的禀赋，愿意把它奉献给世界，并且有热情和他人发生深刻的情感连接，心中常存正义善良，同时，不害怕和别人不一样，你就一定能够得到属于自己的幸福。

读书时间

心智不成熟，是对生命最大的浪费

——读《少有人走的路》

如果有人让我推荐和心理学有关的书籍，这本《少有人走的路》一定会位列其中。这本书很难得地在学术性和趣味性之间找到了一种非常自然的平衡，理论扎实可靠，案例生动启发，让人读起来不费力，却常常很有收获。

书的作者是美国著名心理学家斯科特·派克，该书 1978 年首次出版，仅在北美就创造了 700 万册的销售量，被翻译成 23 种以上的文字，在《纽约时报》畅销书榜单上，停驻了将近 20 年，成为出版史上的一大奇迹。

书的副标题是“心智成熟的旅程”，和主标题呼应起来，我们就可以看到作者的主要观点——大多数人会因为规避问题和逃避痛苦而拒绝让自己心智成熟，但是，很少人愿意主动选择的“直面问题和承担痛苦的道路”，却是一段让自己获得成长和幸福的心智成熟的旅程。

全书分四个部分，分别是“自律”“爱”“成长与信仰”，以及“恩典”，每个部分都有非常独到、系统的主旨思想，有些表述会启发你反思，有些案例会让你有共鸣，有些观点会刺痛你，有些论述会颠覆你的认知，所以，这本书值得反复阅读，不必求快，放在床头，每天读几页，然后带着思考入睡，每读一遍你都会明显地感觉到自己的变化。

带给我强烈震撼和巨大改变的是书的第一部分“自律”，也是我最想分享给 50+ 女性朋友的。

全面自律才能解决人生的所有问题

作者不仅告诉我们，回避问题和逃避痛苦的倾向是人类心理疾病的根源，还告诉我们，“绝大多数人的心理都存在缺陷，真正的健康者寥寥无几”。

如果你觉得自己在某些方面“不太对劲”，有不太正常的心理状态并因此而备受困扰，看到这个观点后，是不是会感到一些释然？

释然之后，再看作者开出的“药方”——“人生的问题和痛苦具有非凡的价值，勇于承担责任，敢于面对困难，才能够使心灵变得健康”，曾经失望甚至绝望的你，是不是又看到了新的曙光？

作者告诉我们，自律有四个原则：推迟满足感、承担责任、忠于事实、保持平衡。实践这四个看似简单的原则，需要的是智慧和勇气。

如果，遇到任何问题之后，你都会让问题去开启你的智慧，激发你的勇气，那么在不断解决问题的过程中，你的心灵和思想不断地成长，你的心智也会不断地成熟。

真正珍惜生命的人，会利用一切机会，让自己实现心智成熟。一个人如果在这个世界上生活了几十年，仍然心智不成熟，不仅自己会常常陷入痛苦，也会给他人，特别是亲人、伴侣带来痛苦，更重要的，是浪费了自己的生命。

推迟满足感，确定先苦后甜的次序

推迟满足感需要我们直面问题，感受痛苦，如果你缺乏这个勇气，就会故意忽视问题，甚至宁肯提前透支将来的快乐和满足，也不愿意先苦后甜。很多人习惯于回避问题是因为总是心存幻想，以为问题和痛苦会随着时间的流逝而消失，或者，寄希望于有人替他们把问题解决掉。他们没有认识到：现在勇于承受痛苦，将来就可能获得更大的满足感；而现在不积极解决问题，将来的痛苦会更大。

不是只有小孩子才需要学习“延迟满足”，太多的成年人在生活中的糟糕处境，都是源于不想先苦后甜，总是“先享受，后付费”。

被肥胖困扰的人，不想忍受“忌口”和锻炼的苦，就不会享受到身材苗条、健康活力的甜；婚姻陷入困局的人，不想面对向外人（包括知心好友或心理医生）坦承问题的尴尬，就不会收获解决问题后双方爱意浓浓的甜蜜……

我上中学的时候，特别享受老师在课堂上读我的作文的感觉，那种当众被肯定、被欣赏的喜悦给我带来极大的满足，为了获得这种满足，在每周老师布置了作文之后，我不仅会翻阅参考书，还要和我父亲讨论想法，对写好的作文也会不断地修改，这些“苦”，才换来课堂上的“甜”。这个习惯一直延续到现在，虽然我写书的过程是很孤单、苦闷的，在规定时间里，每天必须写出几千字才能顺利完稿，但是，我知道并且确信，后面有“甜”等着我，写作时的“苦”似乎就没那么不好忍受了。

斯科特·派克在书中告诉我们：推迟满足感，就是不贪图暂时的安逸；先苦后甜，就是重新设置人生快乐与痛苦的次序——首先面对问题并感受痛苦，然后解决问题并享受更大的快乐。

承担责任不是束缚，而是自由

我在和许多女性朋友聊天时，经常会听到她们说这样的话，“这事不怪我啊”“我能有什么办法啊”，以及“反正我是无能为力了”，她们遇到的困难和挑战可能各有不同，但是，让她们陷入僵局和痛苦的却是同一个心态：不想承担责任。

有位女性遇到一桩家庭财务纠纷，找我寻求帮助。她说她的弟弟几年来多次通过她向她的企业家丈夫借钱，累积起来数额巨大，她丈夫现在要求她向她弟弟索要欠款，否则就离婚。她觉得很委屈，认为丈夫太绝情，弟弟不懂事，她自己则是完全无辜的。

我告诉她，在这起借款纠纷中，她其实是借贷双方的中保，她丈夫完全是因为对她的感情和信任才借钱给小舅子，她弟弟也是仗着她的面子才借到了姐夫的钱，现在出现了纠纷，她怎么会没有责任呢？

所以，解决问题的关键是这位女性要勇于承担责任，去找自己的弟弟交涉，了解借款去向，督促弟弟还钱，必要时要借助家族力量去规劝弟弟，甚至，该卖房卖房，该卖车卖车，不然，让自己的丈夫承受亏损，既不公平，也会对他们的婚姻带来致命的破坏。

许多人把人生需要承担的责任当作束缚，他们躲避了责任，却失去了自由。一个整天抱怨社会、埋怨他人的人，就是自动放弃了为自己负责的权利和自由，这位不想承担向弟弟催款责任的姐姐，就是自动放弃了减少家庭损失、挽回丈夫感情的权利和自由。

逃避责任是为了逃避痛苦，而责任和自由是一体的，认识到这一点，有助于我们克服承担责任的恐惧，为了获得自由而直面痛苦。

忠于事实，需要不断更新你的“观念地图”

作者提出了一个对绝大多数中年人都超级醒脑的论点：我们对现实的观念像是一张地图，但是，它会过时，需要更新，如果地图已经信息失真，会把我们引入歧途。

“有的人一过完青春期，就放弃了绘制地图……大多数人过了中年，就自以为地图完美无缺，世界观没有任何瑕疵，甚至自以为神圣不可侵犯，而对新的信息和资讯缺乏了解。”我初次读到书中的这段话时，惊得一激灵。

你一定见过这样的中老年人，满脑子过时的思想，满嘴老掉牙的论调，他们对年轻人，对和他们不一样的人，甚至对所谓的外地人，充满偏见和不合时宜的论断，但他们毫不自知，根本没有认识到，他们之所以在生活中处处碰壁、惹人讨厌，完全是因为他们的观念地图早就过时了，他们对真正的现实世界缺乏了解。

为什么人到中年之后，就容易变得不愿意或者说不能够忠于事实了？作者的分析令人深思，他说：“完全忠于事实的生活意味着我们要用一生的时间，进行不间断的、严格的自我反省，还意味着我们要敢于接受外界的质疑和挑战。”

活了几十年的人，付出了不懈的努力，好不容易才绘成了这幅关于人生观和世界观的地图，似乎各方面都完美无缺；

一旦新的信息和过去的观念发生冲突，需要对地图大幅度修正，我们就会感到恐惧，宁可对新信息视而不见。

我听过很多婆媳冲突的故事，尽管细节不一样，但冲突的根源却很相似，那就是婆婆不肯更新自己的“观念地图”，无法接受儿媳不符合她观念的言论、行为，甚至在穿衣、打扮上，她也觉得她是对的，而且是绝对正确的。没想到儿媳不认账，冲突自然产生。

思想开放的人愿意根据现实的变化修正“观念地图”，他们忠于事实，愿意与时俱进，因而具有更健康的心理状态和更美好的人际关系，而这不就是我们50+女性应该努力的方向吗?

保持平衡，会坚持也会放弃

自律是人生幸福的保障，推迟满足感、承担责任和忠于事实是非常重要的，但是，仅有这三点还不够，要让心智成熟，就得在彼此冲突的需要、目标和责任之间保持微妙的平衡，这就要求我们不断地自我调整。

自律，无疑意味着要对自己有所约束；而保持平衡，意味着确立富有弹性的约束机制，失去弹性铁板一块地对自我进行约束，换来的也许是身心失调，而不是幸福快乐。

我在40岁之前就是一个极其有原则却缺乏弹性的人——我能够做到推迟满足感，却做不到享受当下；我勇于承担责任，却常常无法拒绝别人强加给我的责任；我努力忠于事实，却常常因为说实话而伤人。可见，自律的四条原则中，第四条“保持平衡”是至关重要的。

作者在书中还指出：“不少人都在不同程度上缺少灵活的情绪反馈系统。”说的不就是我嘛！要么忍着不发火，要么大发雷霆、反应过激；见人就掏心掏肺，一旦发现对方有性格瑕疵，就一句话都不想和人家说；对工作也常常缺乏客观的态度，要么爱得要死，要么恨得要命……

可见，灵活的情绪反馈系统是保持平衡的产物，作者在书中的论述特别具有可操作性，他以“生气”为例——“在这个复杂多变的世界里，要想人生顺遂，我们不但要有生气的能力，还要具备克制脾气的能力。我们要善于以不同的方式，恰当地表达生气的情绪：有时需要委婉，有时需要直接；有时需要心平气和，有时不妨火冒三丈。”

读完这部分的内容，让我感觉保持平衡更像是一门艺术，而不是技术，需要你去领悟而不只是学习。当你对人生有了更深的思索，当你明白舍得就是先有舍后有得，当你学会坚持也学会放弃，你就领会了保持平衡的奥秘。

斯科特·派克先生在这本书的序言中说："心智成熟的旅程不但是一项既复杂又艰巨的任务，而且是毕生的任务。"如果你通过阅读这本书，为今后的几十年树立了一个人生目标，那么这个目标将要带领你走的路，不是大多数人选择的路，而是少有人走的路。

为什么要走这条少有人走的路，成为一个心智成熟的人呢？我的疑问也可能是你的疑问，作者在书里给了我们回答："心智成熟的人大多具有超出常人的爱，这能使他们感受到更多的快乐、更少的痛苦。"

Part 5

幸福美丽下半场

很多人对于 50 岁以后的人生失去了向往，似乎该经历的都经历了，曾经的理想也不再有机会实现，所以余下的岁月不值得憧憬，不值得幻想，不值得规划。

这真是太可惜了。

人生如果是一个旅程，前半段有前半段的风光，后半段有后半段的景色，怎么才走了一半，就想闭上眼睛、锁住心灵，不去全身心地体验剩下的精彩呢？

对于女性来说，经历了以“奉献付出”为主旋律的上半场人生，以“活出自我，让生命绽放”为主题的下半场刚刚开始，怎么能不带着美丽的憧憬好好规划一下？

50+ 女性的下半场人生，要从打破两个刻板印象开始，一个是“年轻真好”，另一个是“男人才能那样做”。崇拜年轻和崇拜雄性，潜伏在人类的文化基因里，不再年轻的中老年女性在不知不觉中深受捆绑，既为自己的年龄自卑，也为自己的性别羞愧。

挣脱捆绑，才能活出自己，实现更多意想不到的可能。

我们要告诉世界，不再年轻的女性，有权利也有资格活出自己的精彩。

带着从上半场积累的经验和智慧，我们能够更加轻松自如地解决问题，处理冲突；因为对自己有半个世纪的了解，我们更明白真正需要的是什么，真正想成为的是什么。

后半场人生一定会有奇遇，会有惊喜，更会有成长，只要我们怀有坚定的信念，准备把人生的自主权完全把握在自己手里。

迎接第二个 25 岁

把 50 岁换算成第二个 25 岁，是一种积极的心理暗示，这个力量到底有多大，需要你亲身去体验。

换一种算法，是为了换一种活法。

刚过完 50 岁生日的一段时间，我对代表自己年龄的数字总感觉很陌生，忍不住和我先生感叹：“唉，你说，我怎么就 50 岁了呢？没觉得活了这么久啊！”我先生意味深长地看我一眼，那意思是：“活了多久你自己心里没点数啊？”

后来，我在一篇文章里看到了这句话“50 岁不过是第二个 25 岁”，心情大爽，茅塞顿开——我还以为多大的事呢，动不动就“年过半百”啊，“知天命”啊，“只是近黄昏”啊，别搞得那么悲悲戚戚，不过是第二个 25 岁，这算法没毛病！

把 50 岁换算成第二个 25 岁，然后以此类推，并不只是戏谑和玩笑，或者害怕衰老，不愿意面对现实，而是，用一种全新的周期法来提醒自己，暗示自己，毕竟，心理年龄才是影响一个人自我认知和幸福感的重要指标。

当你觉得自己 50 岁了，就不会想做 25 岁才敢做的事；当你觉得自己是第二个 25 岁，你会有信心把 25 岁没做好的事重做一遍。

我 25 岁时刚开始和我先生谈恋爱，那时候没经验，既不懂他也不懂自己，经常为小事而争吵，没有好好享受恋爱的甜蜜。既然 50 岁是第二个 25 岁，我对他、对自己都增加了 25 年的了解，完全可以再谈一次恋爱。

那年正好儿子在国外读书，我们俩回到了二人世界。于是，每到周末，我们都不会待在家里，而是像情侣一样去逛街、看电影、听相声，还穿过一次情侣服，大大方方地“秀恩爱”……遇到他发脾气的时候，我就哄哄他；遇到我不开心的时候，他就给我买好吃的。这第二个 25 岁比当年谈恋爱的时候甜蜜多了。

26 岁的时候，我们俩结婚了，蜜月旅途中就发生了严重争吵，气得我差点一个人买机票回家。

我 52 岁第二个 26 岁那年，我们又一起出去旅行，一路上吃美食、看美景，遇到突发情况也不再互相抱怨，因为已经明白，没有好玩的地方，只有好玩的人，所以，格外珍惜对方的陪伴。旅行快结束时，我先生突然对我说：“老婆，这次出来这么多天，咱俩是不是没有生过一次气？”我和他开玩笑：“看起来你很遗憾，那我就和你吵一架，成全你一下吧！”

我和他都承认，经过 20 多年的成长，我们都比年轻时变得更柔软，也更可爱了。

无论你现在是第二个 25 岁，还是第二个 28 岁，都可以回忆一下自己当年的 25 岁或者 28 岁是如何度过的。那个年龄的你一定有很多遗憾，那么，在第二次机会来临时，要不要做些什么来弥补之前的遗憾？带着 20 多年的成长经验，相信你会交出一份满意的答卷。

把50岁换算成第二个25岁，是一种积极的心理暗示，这个力量到底有多大，需要你亲身去体验。

换一种算法，是为了换一种活法。

心态决定命运

每个人都会受到心理暗示，“受暗示性”是人类在漫长的进化过程中形成的一种心理特征。心理学家巴甫洛夫认为：暗示是人类最简单、最典型的条件反射。

经常在心理上进行消极的自我暗示还是积极的自我暗示，往往会给一个人的命运带来截然不同的走向，这就是所谓的“心态决定命运”。学会对自己进行积极的心理暗示，可以帮助我们有勇气接受挑战，有能力实现更高的人生目标；反之，则会让自己变得更自卑，对前途没有信心，生命状态更颓废。

很多女性在不知不觉中对自己进行消极的心理暗示，比如，进入中年后喜欢把年龄往大了说，刚过40就说自己“40多岁的人了”，过了45，就说自己“奔五十了”；潜意识里是想“倚老卖老”，并且给自己的得过且过找借口：“我都这么老了，别对我要求太高。”而长期进行这样的心理暗示，

“成功地”让她们的容貌、身材比实际年龄老了好几岁。

我的一个远房亲戚，刚刚60多岁时，就爱说什么“黄土埋了半截了”“人老了真没意思”，长期的消极心理暗示让她体弱多病，没几年就因为糖尿病并发症去世了。

再举一个相反的例子。我的朋友燕子，在40多岁体检时查出有先天性心脏病，她没有像有些心脏病人那样，不断地暗示自己“身体不行了”，而是坚定地相信“让自己开心，就什么问题都没有”。20多年过去了，她的心脏一直工作得很好，没耽误她工作，没耽误她旅游，没耽误她参加业余模特队，她的身体状态和精神状态之好让医生都很惊奇。

积极的心态来自积极的心理暗示，暗示力量的强大往往超出我们所想。药物研发过程中，在进行药效测评时，一定会有安慰剂对比组，因为，有些参加试验的病友在服用安慰剂后的确会出现症状减轻的现象，可见，医学实践对于心理暗示的作用是给予充分考量的。

把50岁换成第二个25岁，就是在对自己进行积极的心理暗示，因为，第二个25岁不仅暗示“一切皆有可能”，还暗示比第一次有经验，所以会做得更好。

积极暗示的秘诀

如果我说，很多人的不幸是常年不懈心理暗示的结果，可能显得有些刻薄；若我换种说法，幸福的人生多半是心理暗示的结果，是不是听着就顺耳多了？

改变命运的方法之一，就是把无意识的消极心理暗示变成有意识的积极心理暗示，通过刻意的努力，从言语、行为到思维习惯，对自己进行改变和重塑。

如何对自己进行积极的心理暗示？

● 第一，把消极的口头禅换成积极的

改掉消极的口头禅，比如“烦死了”“真没劲”“我真倒霉”“还能怎么样”，养成用积极的话语鼓励自己的习惯，比如“太有意思了”“这样也不错啊”“我运气真好”“总会找到办法的”。

● 第二，学会恰如其分地对自己进行自我表扬

要善于发现自己多方面的优点和长处，比如，身材胖的人可以欣赏自己皮肤好、没皱纹，性格急躁的人应该肯定自

己行动力比较强，不爱言谈的人可以欣赏自己爱思索，然后，在心里对自己进行恰当的认可，而不是全面否定。

第三，多微笑，独处时也不要愁眉苦脸

所有人都喜欢看见笑脸，包括自己的笑脸，愁眉苦脸的人不仅会给他人带来不快，更多时候是对自己进行消极暗示。所以，和人打交道时要多微笑，一个人时也要保持嘴角上扬，还可以对着镜头练习微笑，多用手机自拍笑脸，慢慢就会笑得舒服又好看。

更重要的是，一个人很难做到一边微笑一边抱怨，微笑的时候就不会在脑海里想烦心事，所以，经常保持微笑可以调整消极的思维习惯。

第四，学会放松冥想

每天抽出 20 分钟左右，或者利用临睡前的时间，聚精会神地去想象一些让你感到轻松、愉快的场景，比如，从大海开始联想，想象出蓝天、白云、海鸥、帆船，以及在海边嬉戏的人，想象自己置身其中，自由自在地游泳、冲浪……然后，在心里默念“世界真美啊，活着真好啊”等让你产生

感恩、喜悦情绪的话语，经常体验这样的情绪，会让你的大脑产生习惯，以此来替代由于经常回忆伤心事而引发的消极悲观情绪。

● 第五，学习正向思维

正向思维是一种能力，通过刻意训练就能学会，目的是在任何一种情形下，都能找到事情的积极面。

比如，周末的出游计划被下雨耽搁了，这时候要去设想下雨带来的好处。比如，空气变得新鲜，可以躲在家里刷剧，还可以因为天气凉而吃火锅……这些积极联想会驱散计划受阻的懊恼。

比如，体检查出“三高”，这时候要庆幸自己运气好，及时查出了问题，把它当作一个提醒，如果没有及时体检，说不定以后会得大病。这样的正向思维会带来生活习惯的改变，而消极的恐惧、抱怨只会让情况更糟。

带着憧憬规划人生

年轻时，每个人都对未来充满憧憬和规划，尽管不是所有的梦想都能实现，但是，为实现梦想而努力的过程让我们的人生变得充实而有意义，我们对青春岁月的不舍，不只是怀念那时年轻的身体，也是怀念当年追逐梦想的勇气和执着。

虽然，50 岁以后，我们的身体不可能回到从前，但是，我们仍然要像第一个 25 岁那样，对生活保持热情，对未来进行规划。

我从 50 岁开始制定三年计划，尽管明知道不可能都实现，但我相信，有规划就有方向，有方向就有行动，有行动就有成长，打了折的规划也比没有规划强，为梦想而努力才不会让 50 岁之后的人生变得碌碌无为。

我 50 岁时制定的三年规划，是把多年的思考和实践写成三本书。现在已经实现了——《我减掉了五十斤》《管孩子不如懂孩子》和《嫁人不能靠运气》，都已经由漓江出版社出版发行。

今年我 53 岁，又给自己制定了新的三年规划，既有工作上的设想，也有心灵成长的目标，还有和改善家人关系有关的规划。这些大大小小的规划，让我觉得时间很宝贵，日子很充实；这些规划也在暗示我，我还有成长的空间，还有进步的可能，和年轻人没什么两样。

如果对自己的人生缺少规划，就会导致两个你意识不到的心理暗示：第一，你已经很老了，过了今天不知道明天什么样，不用再费心费力做规划了；第二，日子不过是单调的重复，没什么新鲜的，这种生活真没劲，少活几年也没关系。

这样消极的心理暗示，怎么能不对你的心理健康和身体健康产生负面的影响？

如果你暂时无法对今后的三年进行清晰的规划，不妨先对今后的三个月、半年、一年做规划，未必要规划得多么天衣无缝，只要有一个努力的方向，你就会不断地用积极的心理暗示提醒自己。

把 50 岁当作第二个 25 岁，就要像 25 岁那样带着憧憬规划人生。只要心中仍然有梦想，并且愿意为了梦想而努力，相信自己在人生下半场还有巨大的成长空间，那么，60 岁不过是第二个 30 岁，70 岁不过是第二个 35 岁，80 岁不过是第二个 40 岁，100 岁不过是第二个 50 岁，你会带着期待越活越精彩。

找个“情人”吧！

当人生下半场的大幕徐徐拉开时，你的心难道没有感到一阵阵跃跃欲试的跳动？你真的不想让后半生重新体验那种被新鲜感充满的喜悦和冲动？

很多女性在过往的人生中努力寻求安全感、稳定感，这让她们心里踏实，也是养育孩子、维系家庭所需要的，但是进入下半场之后，这种让你舒适自在的稳定感可能就变成了让你烦闷难耐的枯燥感，你开始害怕那种一眼望到头的生活——每一天都是前一天的重复，每一年都是上一年的循环。如果再不去做一些更有新鲜感、刺激感的事情，你会感觉身体的病痛变多，心灵在加速枯萎，自己在迅速衰老。

年龄不一定会带来老的感觉，但是，失去对世界的好奇心，失去对自己的探索欲，就一定会迅速变老，哪怕你现在不是 50+，而是 40+、30+。

还记得当年谈恋爱时的青春时光吗？因为爱着一个人，心里的快乐洋溢在脸上，做什么事都朝气蓬勃，感觉处处鸟语花香。

如今，还有谁能让你如此心旌摇曳？相濡以沫的丈夫可没这魅力，你需要找个“情人”。这个“情人”要能够激发你对世界的好奇心，激发起你对自己的探索欲，还要时时给你力量和陪伴，让你越来越喜欢自己。

找到“情人”的前提是你要足够爱自己，认为自己配得上更好的生活，并且愿意和“情人”一起去接受考验，甚至质疑。

我认识几个找到“情人”的姐妹，她们的精神面貌令人惊艳——眼里的光彩非常动人，生命状态非常年轻。

红姐的“情人”是爬山，她身姿挺拔，精神奇佳，穿什么衣服都好看得不得了，一点不像一个 60 岁的人。和长她一岁的丈夫站在一起，很多人会误以为她是丈夫后娶的娇妻。

红姐爬山十几年了，她的队友都是比她年轻二三十岁的人，他们根本猜不出她的年龄，和“小朋友”们在一起，红姐特别“疯”，在山顶上大喊大叫，围着露营的篝火蹦蹦跳跳，生命的活力极富感染力，大家都特别喜欢她。

她对我说：“我退休后整天待在家，浑身哪儿都不对了，一爬山，哪儿都对了。”

红姐和“情人”在一起，并非没有被质疑，总有一些人会对她指指点点，说她这么大年纪了，不去好好抱孙子，光顾着自己开心。红姐知道自己真正要的是什么，也和儿子儿媳进行了充分沟通，所以，才能一直享受和“情人”约会的放松和快乐。

玫瑰姐退休后迷上了国标舞，越跳越有劲，越跳越年轻。她告诉我，以前没事的时候，总琢磨一些烦心事，越想越烦，开始学跳舞之后，占据脑海的是音乐，是舞步，还有一场场演出的准备，心里总有期待，完全忘了年龄，特别像大学时期的状态。

丈夫并不希望她和“情人”约会太频繁，总暗示她“照顾家人才是正经事”。玫瑰姐认真地告诉丈夫：“如果我整天待在家里，肯定会憋出病，真要那样，还怎么给你做饭?现在我一周排练两天，其他时间都在家，你自己做两天饭，不算很难吧？”

大玲的“情人”是唱歌，她说，没有这个“情人”，她熬不过离婚后的黑暗。

离婚后，大玲陷入了抑郁状态，满头白发，身材臃肿，脸色憔悴，50多岁的人看起来像70岁。听说前夫很快再婚，她甚至想用自杀来泄愤。女儿找来大玲的闺密芸姐帮着开导她，芸姐拉着大玲参加了合唱团。

大玲的歌唱天赋经常被老师夸奖，其他团友也总鼓励她，渐渐地，大玲从抑郁状态中走了出来，又开始在乎形象，不仅剪了漂亮的短发，还决定减肥，整个人变了样。后来，她和一位离异的男团友产生了感情，准备开始新生活。

生命需要新鲜感

每一个生命个体都本能地会对新鲜的事物充满好奇心，只不过因为各种各样的原因把它压抑了。

还记得童年时饶有兴趣地蹲在树底下看蚂蚁搬家吗？那个时候，对世界的好奇心让我们感到每一天都是新鲜的，都有未知的事情等着我们去了解，去发现，生命的活力牵引着我们，带动着我们。

后来，我们长大了，变得现实了，收敛了自己的好奇心，学会在一成不变的生活中找到自己的位置，这是成熟的标志，也是生命必须经历的过程。

但是，当人生下半场的大幕徐徐拉开时，你的心难道没有感到一阵阵跃跃欲试的跳动？你真的不想让后半生重新体验那种被新鲜感充满的喜悦和冲动？

生命需要新鲜感，只要对世界、对自己一直怀有好奇心，你就会一直成长，而不是慢慢衰老。

在婚姻之外找情人，是人类追求新鲜感的表现，但是，这样的行为不仅违反公序良俗，也会给自己带来不好收拾的麻烦，“性价比”不高。如果可以像找情人一样，找到一件让自己心痒难耐、欲罢不能的爱好，既能满足追求新鲜感的本能，又不会和道德习俗发生冲突，那何乐而不为呢？

旱鸭子不会有游泳的爱好，爱好需要学习，很多时候，学习新的技能特别能让人体验到自我提升的快乐，当你感觉到自己一天天在进步，怎么会生出对衰老的恐惧？

我在 40 岁以后学习了很多技能，学会了在深水池游泳，英语口语有了很大提高，还请了教练学网球，报名参加了成人零基础钢琴班，学会做 PPT，学会制作公众号，厨艺提高到可以在网上教授烹饪课程，等等。接下来，我想学习溜冰，还想找个老师学学声乐，对制作视频课程也有浓厚的兴趣，还准备学学化妆……

一想到有那么多新东西、新技能等着我去学习，我就完全忘了自己的年龄。好奇心驱使我不遗余力地追逐新鲜感，生活的可能性不是变少了，而是变多了。

而且，一旦生命所渴望的新鲜感得到了满足，对一成不变的日常生活就不会再感到单调难熬，因为那是我们安全感、稳定感的来源。两种需要都得到满足，就会有一种达到平衡的圆满感、愉悦感。

很多人特别讨厌刷碗，我却特别喜欢。之前我做完饭后，我先生都抢着刷碗，他是怕我累得不耐烦。后来，我很认真地告诉他：“你不要和我抢，我是真的很享受一个人静静地刷碗。”水流滑过手指的感觉让我很舒服，看着一堆油腻的碗碟经过我的手变得洁净光滑，我心里特踏实。

我喜欢甚至迷恋刷碗的原因是，学新东西是耗费心力的，与之相比，刷碗这样不用费脑的家务活，会给我带来轻松感。这也是一种平衡。

很多同龄的女性问我，为什么我对过日子总显得兴致勃勃？为什么我对相伴 20 多年的老公没有厌烦？

说实话，那些给我滋养的爱好和技能就像我的“情人”一样，满足了我的好奇心，给我带来新鲜感，在我孤独的时候陪伴我，在我情绪低落的时候让我兴奋，有了这样的体验，面对充满烟火气的日子我更乐于享受，面对安稳守在身边的爱人我更懂得珍惜。

找“情人”需要勇气

那些在现实生活中挑战世俗道德找情人的，哪个不是“狠角色”？年过半百的我们，想要找到满足自己新鲜感、征服欲的“情人”——新的爱好和技能，也需要勇气。

● 第一，不要被身份证上的数字吓到

作为 20 世纪 60 年代、70 年代出生的我们，出生日期代表的是我们到达这个世界的起始时间，它不能变成我们探索世界的束缚。我特别喜欢一个新词“无龄感”，那是我特别想达到的一种境界。

我要告诉姐妹们，忘记自己的年龄，把关注点放在你的学习能力上。

人类的智力分为流体智力和晶体智力。流体智力会随着年龄增长缓慢下降，但是，晶体智力却不受年龄影响。所谓“晶体智力”，指的是通过掌握社会文化经验而获得的智力，是知识和技能有效结合的一种能力，主要指学会的技能、语言文字能力、判断力、联想力等。

我们不过才 50 多岁，流体智力并没有下降太多，晶体智力随着继续学习还会有所提高，所以，不要拿年龄当借口放弃学习新东西。

● 第二，不要害怕和别人“老”得不一样

有的人甘愿在消极怠惰中变老，不学新东西，不接受新

事物，不喜欢年轻人，即使那是大多数人的选择，你也可以和他们不一样。

不要在心里给自己设限，“这是我这个年龄该干的吗？”“我这么老了肯定学不会”，这些潜台词都是因为我们害怕和别人“老”得不一样，总想按照大多数人的选择，“老有老的样子”。

感到幸福，不是因为你和别人一模一样，而是因为你敢于追求你真正想要的生活。每当你犹豫不决时，不妨问问自己，你想要的是什么？是“幸福”还是“和大家一样”？

● 第三，多和年轻人交朋友

我在公园、快餐店等地方无意间旁听过一些中老年人的聊天。比如，几个看起来健健康康的人，一开口就变成了“病友”诉苦大会，第一个说最近腰疼得厉害，第二个说失眠总也好不了，第三个生怕“比”不过，连忙说自己刚刚做了个小手术。还有一次，我听到几个大妈凑在一起控诉儿媳妇，在她们口中，儿媳们一个个简直十恶不赦，大妈们越说越气，声音越来越高，言语里的恶意让人避之不及……

我理解她们，生活里尽是些烦心事，不和别人说说就“憋”死了。和谁说？儿女不爱听，可不就得找一些“同病相怜”的人互相倾诉一番？说完了，得出一个结论：“我最可怜，都是别人的错”。心里得到暂时的满足，问题没有得到任何解决。

我害怕成为这样的“大妈”，除了几个可以一起谈人生谈理想、聊电影聊旅游的闺密外，我尽量不和爱吐槽的同龄女性进行过多的私人交往，同时，我会创造机会多和年轻人交朋友。

为了听懂他们的话，和他们有共同语言，我会看他们追的剧，读他们喜欢的书，听他们爱听的歌。这不是在妥协，也不是勉强自己，而是一种学习的方式，通过这样的学习，我尽量和这个时代不脱轨。

一次旅途中，一个刚大学毕业的小姑娘和我聊了一路，她感慨地说：“我妈比您大 3 岁，我和她沟通起来特费劲，咱俩怎么聊得这么好啊？我不想叫您阿姨，我觉得还是叫姐比较舒服。”

别老想着教育年轻人，只要你肯向年轻人提问、请教，他们就愿意和你做朋友。

和年轻人的交往，常常激发出我的求知欲，他们身上的朝气也深深地感染我，让我的脚步变得很快，语速也慢不下来，思维更不能迟钝，始终保持着对新鲜事物的浓厚兴趣，找“情人”的能力当然会越来越强。

人生下半场是又一段旅程，一定有很多新奇的事物等着我们去发现，有很多新的技能等着我们去“解锁”。我用找“情人”做比喻，是为了鼓励大家冲破固有思维，勇于挑战自己，在探索世界的过程中遇见更好的自己。

我已经找到了，你不试试吗？

享受食色之乐

在这一代年轻人的审美坐标中，爱吃、会吃成了懂生活的标签，在性方面的探索和实践也被视为正常的、健康的，在他们的带动下，作为 50+ 的“老阿姨”，我们也应该毫不羞涩地吃爱吃的东西，做爱做的事。

“食色，性也”出自《孟子 · 告子上》，孔子在《礼记》里也讲“饮食男女，人之大欲存焉”。可见，但凡是人，都离不开两件大事——饮食和性。

50+ 女性大多数是 60 后，在我们成长的年代，对这两件事有很多误解：追求饮食之乐，被批评为贪吃嘴馋；追求性之乐，更被贬损为低级下流。

在这样的背景下成长起来的人，很难正视自己的食欲、性欲，也不敢大大方方地满足自己的食色之乐，特别是女性，如果被人视为贪吃好色，那简直是奇耻大辱。

但是，大家要醒一醒，历史的车轮滚滚向前，现在已经进入 2020 年，经济的发展和文化的提升让我们有机会更好地满足自己的食欲性欲，如果仍然固守过去的老观念，那真是可惜了这个时代的馈赠。

好好地吃，美美地睡，是每个人的权利，也是生而为人的快乐。

爱吃就是爱生活

我以前遇到过一个非常有趣的领导，每次聚餐他都会“批评”迟到的人“吃饭不积极，思想有问题”，被“批评”的人听了还很高兴。其实，正是他对于饮食的积极态度让大家觉得轻松，每次和他一起吃饭也就格外开心。

我对于吃的热爱来源于我父亲，他在当年生活不富裕的年代，仍然用极大的兴趣钻研菜谱，让我们家的餐桌上花样翻新，让众多邻居羡慕不已。

我记得，偶尔会有人在我家开饭时拜访，他们在看到我家餐桌上丰富的菜肴时，都会问一句：“哟，今天是谁过生日啊？”其实，那就是我家的日常饮食。

父亲的厨艺满足了我和妹妹的口腹之欲，他对美食的态度让我们家的日子总是热气腾腾。长大以后，我和妹妹都“遗传”了他对吃的热爱，我俩厨艺都不错，家庭关系也因此很融洽。

我非常喜欢这样一句话：“幸福就是和喜欢的人一起吃很多很多顿饭。”聊人生当然很高级，但是，边吃边聊是不是更过瘾？

其实，我从父亲身上不仅学到了对食物的态度，更学到了对生活的态度。他当年在辛苦加班之后还有心劲儿给我们做红烧茄子、拔丝红薯之类特别费工的菜品，当然是出于对家人的爱，但也有他对生活本身的热情。

我特别感谢父亲的，是他从来没有让我为自己的爱吃而羞愧，当我告诉他我想吃什么零食、点心时，他从来不会批评我嘴馋，而是想办法给我买或者做。有一次看我非常投入地吃一种叫“江米条”的小吃，他笑着说：“爸爸看你吃，比自己吃都开心。”

我大大方方地好吃了几十年，也鼓励我儿子爱美食，还把刚结婚时什么也不爱吃、每次在饭桌上早早就放下筷子的丈夫“熏陶”成另一个“吃货”，当然，他现在的厨艺已经和我不分伯仲。

有时候，一想到第二天要去一个地方“拔草”，也就是去吃一个早就想吃的东西，我会开心一晚上，那种期待和兴奋，和童年时等着爸爸的韭菜馅包子出锅没什么两样，我会忘了自己的年龄，有一种被生活宠爱的幸福。

正是学会了用爱美食来爱生活，我对人生中必然会遭遇的挫折和挑战才没那么恐惧。心情沮丧时，好好吃一顿；如果还沮丧，那就再吃一顿。现在的年轻人不是这样说嘛：“没什么事是一顿火锅解决不了的。”

鱼水之欢和态度有关，和年龄无关

很多女性觉得，过了五十就应该进入“无欲世代”，男欢女爱是年轻人的特权。这样消极的性观念不仅影响了她们和伴侣的感情，也影响了她们自己的生活态度，甚至容貌和体态。

更年期后女人仍然有性欲，这早已是不用讨论的事实，而且，很多调查显示，因为没有了怀孕的担心，女性在更年期后甚至可以享受到比之前更放松的性愉悦。

真正妨碍50+女性享受鱼水之欢的，是她们脑海里根深蒂固的、对性的错误观念。有些人把性当作责任和义务，是为了满足丈夫以及传宗接代，如今，孩子已经成人，甚至孙子都有了，一大把年纪还想这事，那不就是“老不正经”了吗？

她们眼里的“正经事”是什么？做家务、带孙子。那么，女人这一辈子除了责任和义务，就没有权利享受生活，享受性生活了吗？

当今世界上最老的模特卡门·戴尔·奥利菲斯今年已经87岁了，她驰骋T台几十年，美貌和身材令人惊叹，记者问她的保养秘诀，她在说出“规律作息、不吃垃圾食品、注意皮肤护理以及保持年轻心态”几条秘诀之后，大大方方地分享了一条超出人们预想的秘诀——“享受美好的性生活”。

她的年龄可以做50+女性的母亲甚至祖母，但她的人生状态足以证明，只要不给自己设限，很多事情都可以做到，只要你真正想要。

我接待过一些身患重病的女性来访者，她们虽然经历各不相同，但是，有一个令人深思的共同点，那就是早早地就失去了性生活，有些是因为离婚后常年单身，有些是因为和丈夫感情不好，还有些是因为“不想”。她们都没意识到，和异性肌肤相亲是身体的需要，也是心理的需要。

如果她们能够早一点正视自己的需要，就会想方设法找到一个和自己情投意合的伴侣，并且用更积极的态度对待性，对待两性之欢，让身体和心理都得到很好满足，也许，疾病就会远离她们。

当你在50岁之后还愿意保持规律的性生活，就会对自己的女性身份更在意、更享受，想保持身材，想打扮自己，会给予伴侣更多关注，愿意欣赏他、夸赞他。

我当然知道更年期之后的性爱有需要战胜的挑战，但是，绝大部分障碍都是有方法可以解决的，现在网上购物如此方便，以前不好意思进店购买的物品，在手机上电脑上可以放心浏览，点击下单也不难。

吃爱吃的东西，做爱做的事

很多人在童年时被家长批评过“嘴馋”“贪吃”，青春期时又被暗示“性是肮脏的”，当一个人不断地为自己的本能而羞愧，内心很难不扭曲，Ta 会对渴望的东西产生既爱又恨的矛盾心理，对食物如此，对性亦如此。

50+ 女性在人生早期所受的教育中，被植入了很多错误观念，这些观念对她们的一生都产生了很大的影响。特别是对于食欲、性欲这两个代表生命活力的基本欲望，之前的观念使得她们一直用打击、压抑的态度来对待它们。

幸运的是，我们终于迎来了一个开明、进步的新时代，社会和文化对于食和色的态度都比以前进步了许多。纪录片《舌尖上的中国》风靡全国，说明中国人终于敢赞美对于口腹之欲的追求和满足了，同时，时尚类杂志刊登美女帅哥性感图片也早已被大众所接受，在这一代年轻人的审美坐标中，爱吃、会吃成了懂生活的标签，在性方面的探索和实践也被视为正常的、健康的。在他们的带动下，作为50+的“老阿姨”，我们也应该毫不羞涩地吃爱吃的东西，做爱做的事。

与满足食欲相比，对于我们这代曾经“谈性色变”的人来说，大大方方谈论性，坦坦然然享受性，仍然是一个挑战。

世界卫生组织在一份报告中指出，随着人类文化和生活水平的提高，人类的性问题对个人健康的影响将远比人们以前所认识的更为深入和重要，对性的无知或错误观念将极大地影响人们的生活质量。

很多人在 50 岁之后特别注重养生，但是，却疏忽了性健康。所谓“性健康”，是指具有性欲的人在躯体上、感情上、知识上、信念上、行为上和社会交往上健康的总和，它表达为积极健全的人格，丰富和成熟的人际交往，坦诚与坚贞的爱情和伴侣关系。

所以，在人生进入下半场之后，吃得好和“睡”得好都很重要。吃得好意味着我们要注重健康饮食，饭菜不仅讲究色香味俱全，还要少盐少油，多吃水果蔬菜；“睡”得好意味着我们要学会表达爱，不仅用语言和行动去表达，也要用身体来表达，愿意提高性技能，让自己和伴侣都得到满足。

心理健康的前提是尊重和接纳自己的基本欲望，压抑和放纵都是不适宜的，也是不健康的，经历过对食色之欲批判和排斥的年代，如今的 50+ 女性如果能适时适度地满足自己的欲望，让生命能量得到健康的补充，就会在接下来的人生中，一直保持旺盛的生命力。

阅读“越”美

一个人的容貌并不是完全由五官的排列组合所决定的，一张脸是不是打动人，是不是让别人和自己都心生欢喜，还需要有舒服的面相和健康的气色。而这两点，都可以借由读书来得到实现或转变。

“满脸的胶原蛋白”是对年轻人的夸赞，随着年龄的增长，脸上的胶原蛋白越来越少，人就显得不再年轻，所以，有些人选择去美容院往脸部填充胶原蛋白，期望留住青春的容颜。

但是，如果只有一张被胶原蛋白修饰过的脸，内心却沧桑、懈怠、塌陷，并不会让人有年轻的感觉，因为年轻不只是脸部饱满，更重要的是内在的丰盈，要有生机勃勃的状态和对世界饱满的热情。

我们的心灵也需要补充“胶原蛋白”。苏轼有诗句“腹有诗书气自华”，一个人在饱读诗书之后，之所以能够呈现一种高雅光彩的气质，是因为阅读带来了内心丰盛，从而彰显出熠熠生辉的生命状态。

对于50+女人，闲暇时间变多了，阅读的范围可以非常广泛，未必要参考高人牛人的书单，找到自己的兴趣点，在网上、实体书店都能有所收获，养成去书店随意逛一逛的习惯，说不定会邂逅那本让你怦然心动的书。

2020年5月，我去扬州出差，在号称“江苏最美书店”的钟书阁里看到了一本书，是市面上比较少见的小32开，灰绿的封皮上只有简单的反白字——读人生这本大书，书的作者是沈从文。看见它的那一刻，我的心就被触动了。当时正是新冠肺炎疫情在全球蔓延之际，中国已取得了初步的成效，但未来的局势无法预估，每个人的内心都慌张、无措，而这本素雅、小巧的书，从封面设计到作者和书名，都让我有阅读的冲动，我似乎已经预感到它会让我的内心变得安稳。

读过之后果然如此，似乎是听一个智者讲述他的不凡人生，对我在当下如何自处，对未来如何成就，都非常有启迪。

阅读是最好的养生

中年人大多开始注重养生，但是，不少人未必知道中医所说的“养生有三种”，即静神养生、动形养生和饮食养生。

古人认为“人欲劳于形，百病不能成”，说明适度运动对健康有积极作用，中老年人脱离了繁忙的工作后，有了更多的时间去参与一些活动和运动，的确有益身心健康。

同时，合理饮食可以调养精气，纠正脏腑阴阳之偏，防治疾病，延年益寿。饮食要以“五谷为养，五果为助，五畜为益，五菜为充”，还要重视“五味调和”，这一点，不少中老年女性颇有经验和心得。

相比较而言，在三种养生方式中，许多中老年人在动形养生和饮食养生方面都有所意识，有所行动，但对于排在第一位的静神养生则缺乏了解和实践。

古人认为，神是生命活动的主宰。保持神气清静，心理平衡，可以保养天真元气，使五脏安和，有助于预防疾病、增进健康和延年益寿；反之则怒伤肝、喜伤心、思伤脾、忧伤肺、恐伤肾，以至诱发种种身心疾患。所以，静神养生的核心是通过净化人的精神世界，使自己的心态平和、乐观、开朗、豁达，以达到健康长寿的目的。

养成有规律的读书习惯，不仅能增长知识、开阔思维，对调节情绪、静心安神也很有帮助。身体已经出现各种小病小痛的 50+ 女性，若能借助阅读让自己放松舒缓，心态平和，达到静神养生的目的，实在是一举多得，何乐而不为呢？

我的老同学阿彭，深受更年期综合征困扰，不仅出现很多身体症状，心理上也有一些变化，在很多事情上，爱钻牛角尖，变得执拗、顽固，家人很困扰，她自己也非常痛苦。

她常找我聊天，每次聊完后她都说自己想通了，但过不了多久，她就又陷入糟糕的情绪状态，和丈夫闹，和孩子吵，整夜失眠。几次三番之后，我告诉她："这样下去你的身体会垮掉，家庭关系也会出问题，所以，不妨系统地开始读一些书，慢慢让自己的心静下来。"

阿彭听了我的建议，开始养成读书的习惯，从每天读半小时，到每天读一两个小时，从一个月能读完一本书，到一两周能读完一本书，渐渐地，她来找我聊天的话题不再是那些让她“怎么也想不通”的糟心事，而是她在阅读过程中的一些思考和发现。我明显感觉到，她的急躁、焦虑在慢慢减少，眼神也变得柔和了。

一年多之后，她对我说，很后悔参加工作以后再也没有认真读过书，怪不得自己的思维那么狭隘。她还告诉我，以前特别害怕一个人待着，养成读书的习惯后，开始享受独处的时间，而且，以前心里总是乱糟糟的，晚上靠褪黑素、安眠药也睡不安稳，现在心里安静了，什么药也不吃，也能睡七八个小时了。

阅读是最好的美容

女性在任何年龄都在乎美，我们对于年老的恐惧很大一部分原因是害怕容颜失色。所以，中年女性很容易被各种养颜美容的产品所打动，即使价格昂贵也愿意买来一试。

北宋诗人黄庭坚说：“三日不读书，便觉面目可憎，语言无味。”林语堂将这句话解释为：“你三日不读书，别人就会觉得你语言无味，面目可憎，一个不爱读书的人往往是乏味的，因而是不让人喜欢的。”

不读书和面目可憎发生了关联，那么多读书是否可以和面容姣好产生联系？实际情况真是这样，读书可以让人变美。

花钱做美容、买美容产品肯定有一定效果，但若能把金钱和精力匀一部分给买书和阅读，则是更聪明的内外兼修。

其实，一个人的容貌并不是完全由五官的排列组合所决定的，一张脸是不是打动人，是不是让别人和自己都心生欢喜，还需要有舒服的面相和健康的气色。而这两点，都可以借由读书来得到实现或转变。

很多人参加过高中同学聚会，你把聚会时拍的集体照拿出来，让你的家人和朋友看，他们不一定会看出你们当年的班花是哪一个。几十年过去了，天生的容貌会渐渐褪色，那些当年相貌普通但是在后来的日子里好好读书的人，反倒会显得眉目舒展、模样动人。

我住的小区里，常常能看到一些六七十岁的大姐、阿姨，她们有两类人，一类是自己住在这里的老知识分子，另一类是来帮儿女带娃的奶奶姥姥。不用交谈，你从她们的容貌、举止上就可以轻而易举地看出两类人的不同。读过书的女性有一种特殊的美，尽管她们满头白发，韶华不再，但是，常年读书熏陶出的气质仍然让她们卓尔不群。

女作家毕淑敏这样写道："读书的时候，人是专注的。因为你在聆听一些高贵的灵魂自言自语，不由自主地谦逊和聚精会神。即使是读闲书，看到妙处，也会忍不住拍案叫绝。"她还写道："长久的读书可以使人养成恭敬的习惯，知道这个世界上可以为师的人太多了，在生活中也会沿袭洗耳倾听的姿态。而倾听，是让人神采倍添的绝好方式。所有的人都渴望被重视，而每一个生命也都不应被忽视。你重视了他人，魅力就降临在你的双眸了。"

有一句流传很广的话，据说是美国前总统林肯说的："一个人过了四十岁，就该为自己的长相负责了。"日本文学家大宅壮一也说："一个人的脸就是一张履历表。"他们似乎不约而同地告诉我们：到了一定年龄，长相不好就不是爹妈或老天的责任了，我们的脸是努力或放纵的结果。

的确如此，到了人生后半场，我们不仅可以决定活成什么样，还可以决定长成什么样，女性最在乎的容貌，完全可以掌握在自己手中，护肤养颜当然很重要，用读书来美容更是应该去实践的。

多读书，读好书，不会改变你的五官排列组合，但是，却可以改变你的面相和气色，一个女性若面带微笑，眼神明亮，气色红润，自然怎么看怎么有魅力。

私家推荐：心理学书籍和女性写的书

经常有女性朋友让我给她们推荐书，一般来说，我会首先建议她们在除了自己的兴趣爱好之外，读一些心理学方面的书，或者和心灵成长有关的书。

我喜欢的心理学家，弗洛伊德、阿德勒、荣格，他们的书在网上很容易找到，但是，读起来可能有点难度，欧文·亚隆的系列作品会更加引人入胜。另外，《自控力》《亲密关系》等心理学书籍，以及国内心理学者李子勋、曾奇峰、武志红的书，也都值得认真阅读。这些书可能会让初学者更容易找到阅读心理学书籍的兴趣。

除了和心理学有关的书籍，我还会建议女性朋友读一些女性写的书，包括女性写的小说、散文、自传等不同体裁的作品，和我们同一性别的人发出的声音，特别值得倾听，这些优秀女性思考的结晶，特别值得阅读。

我个人非常喜欢张爱玲的小说，每一本都喜欢，读很多遍仍然有新的收获。另外，还有很多未必非常有名的女作家的作品，都会让我从中看到自己，看到女性面临的许多共同的挑战。

有两位作者我特别想提一下，一个是新疆阿勒泰作家李娟，另一个是诗人余秀华。她们两个人都有着超强的生活感知力和细腻精准的表达能力，读她们的作品，你会惊叹文字之美，也会对作品里呈现出的女性的坚韧、执着和敏感生出敬佩之心。

读女性作者的书，好似和一个内心丰富的闺密长谈，她向你讲述她的故事，你在故事里找到自己，产生共鸣。读完一本书，你会觉得不仅对她有了深刻的了解，对自己也有了新的认识。

当然，读书最重要的是找到自己的兴趣，然后养成阅读的习惯。

如果你愿意，从现在开始，阅读可以一直陪伴你的后半生：得意时，它帮助你冷静客观地看待自己；失意时，它会鼓励你不灰心不气馁；孤独时，它是让你内心充满勇气的好朋友。有书相伴，任何时候你都能笃定从容；有书相伴，白发和皱纹也遮不住你脸上的光彩。

女人要有
女朋友

即使有相知相爱的异性伴侣，女人们仍然感觉到，有些话题和男人谈不深，谈不透，有些感受很难被男人真正理解；只有和同性朋友在一起，才会有那种一点就通、一说就懂的默契和畅快。

美国斯坦福大学开设了一门非常有趣的课程，叫作“女人的女朋友”，课程教授是斯坦福大学的精神病学主任，这位教授在他的课程里讲述了这样的观点：女性若想获得身心健康，就应该花时间建立和培养与女友之间的友谊关系。

他说，高质量的“女友时间”（Girl Friend Time）可以帮助女性创造更多的有助于防治抑郁症的血清素，也可以帮助女性获得良好的自我评价和自我感觉，因为，和男性之间的友谊不同，女性之间不会只谈“事”，而是花更多的时间谈“情”，也就是交流感情、分享感受。在这样的互动中，女人们互相支持，彼此解压，所以，她们每一次的闲聊不是消磨时光，而是在为自己的身心健康做好事。

从媒体上了解到这门课之后，我不禁庆幸自己一直拥有互相欣赏的女朋友，也让我更加在乎和她们之间的友谊。

2019 年 8 月，漓江出版社出版了女作家赵婕的著作《女人的女朋友》，她在书里记录了和几十位女朋友的亲密交往，每一段友谊都难忘、美好，书中的一段话特别打动我：

“女性的友情，对于女性的价值，可以与亲情、爱情等量齐观，甚至超越其上。同性友情，是女性一生可以追寻的丰富而漫长的情感体验。”

我在接受情感咨询时发现，那些在婚姻里陷入困局的女性，最大的痛苦是没有一个可以交心的挚友，只能独自孤单地面对两性关系中的难题，由于缺少同性友谊的情感支撑，这些女性更容易悲观，也更容易钻牛角尖。

女人心细如发，情绪敏感，她们在生活中常常有很多感受需要抒发，也会有一些情绪需要排解。即使有相知相爱的异性伴侣，女人们仍然感觉到，有些话题和男人谈不深，谈不透，有些感受很难被男人真正理解；只有和同性朋友在一起，才会有那种一点就通、一说就懂的默契和畅快。

更何况，有的时候，女人的困扰本就是由伴侣而来，因伴侣而起，如果找不到一个知心的女朋友可倾诉，那可真要把人憋出病来呢！

没有女朋友的女人是孤单的，甚至是可怜的，她们的生命缺少一面来自同性的镜子，以至于无法从那里更清楚地看清自己。

先有自己，才有知己

没有女朋友的女人，不是不想，而是不能。

古语说，千金易得，知己难求。不是所有来往密切的人都可以被称作朋友，能成为知己的更是少之又少，培养一段可以谈心、交心的女性友谊，需要我们倾注时间和心力，也需要我们先成为内在丰满的自己。

如果没有自己，就无法和另一个生命建立真实的连接。

有些女性，她们的真我被很厚的壳包裹着，不敢让外人看到，自己也不敢触碰，于是，向外人呈现的一直是一个“虚假自我”，这样一个缺乏血肉的人形符号，很难和别的女人成为朋友。

那么，如何才能找到自己，找到知己呢？

● 首先，要对自己有觉察，要知道自己为什么会成为今天的样子

每个人在这个星球上都是独一无二的，造就我们的不只是DNA，还有我们所经历的各种事件，以及对这些事件的解读对我们的情绪和行为带来的影响，要想让朋友接纳我们，我们首先要对自己独特性的来由有一定的了解。

比如，我的好强是自幼多病的反向形成，我的敏感多疑是被母亲严厉管教的后果，我看起来古道热肠、乐于助人，其实是渴望被他人认可、夸赞。

觉察会帮助我们接纳真正的自己，让我们不害怕在朋友面前展露真我，同时，接纳自己也会帮助我们更好地接纳别人，那些看起来对朋友过分挑剔的人，实则是对自己缺乏接纳。

● 其次，适度地坦露自己，才容易和他人产生情感共鸣

坦露自己在心理学上被称为“自我暴露”，自我暴露的程度是衡量人际关系深浅的标志。一般来说，了解你秘密最多的，一定是和你关系最近的人。如果，一个人总是深藏不露，城府很深，喜怒不形于色，就很难交到知心朋友。

人人都有克服孤独、追求与他人融合的动机和需求，女性在这方面的需求可能更强烈，如果女性之间不仅可以谈天说地，还能交流情感和思想，就很容易亲近起来。

友情也需要经营

近年来，随着离婚率的居高不下，很多人接受了“婚姻需要经营”的观点，不再凭着本能过日子。其实，友情也如此，不去好好经营的友情，就像一坛疏于保存的好酒，随着时间的流逝，早晚会变质变味。

高质量的友情不仅需要定期的联系、交流、会面，也需要有推心置腹、触及灵魂的深入沟通，缺乏耐心、缺乏同理心、缺乏倾听能力的人，很难将一段友情经营好。

很多女性在婚前都有过相交很深的女朋友，婚后由于忙于家庭事务，和她们就渐渐疏远了，精力有限当然是一个原因，更内在的原因是对同性友谊的重要性认识不足。

当女人的亲密关系圈里只有丈夫、孩子等家人，她的情感缺失会慢慢显露出来，尽管她不一定能意识到。这些女性经常出现的疲惫、焦躁、缺乏自信，也许就和缺少同性友谊的滋养有关。

我和易虹是大学同学，我们的友谊到现在已经持续36年了，她现在也是我的图书策划人。

其实，30多年前大学毕业时，我们俩就分到了不同的城市，后来，我们都结了婚，她还移民加拿大，也许，很多女性之间的友谊就是这样失散的，幸运的是，距离并没有成为我们友谊的阻碍。

大学毕业后，我们俩书信来往不断，分享工作、情感和对生活的思索，每到休年假，也会坐火车跑到对方的城市相聚，甚至还会创造在工作上合作的机会，她当年是《女友》杂志的编辑，我在一家报社做记者，她邀请我和她共同在《女友》杂志上开设了一个《女友悄悄话》专栏，我们每个月都要为选题和策划通好几次电话，栏目很受欢迎，我们的感情也更深了。

最让我感动的是她刚刚移民加拿大的时候，每个月都要给我打一两次越洋长途，每次通话都在一小时以上，她体贴地告诉我："我买了长途电话卡，一次一百人民币，比你打给我便宜。"所以，接通电话后，我俩总会有人开玩笑："咱们今天聊他一百元。"

这么多年，我们俩都格外用心地经营着我们的友情，在我们的生命中，它和亲情、爱情一样必不可少。

在我离开报社创业的艰难阶段，在我和青春期儿子冲突剧烈的时期，在我遭遇父亲生病离世最痛苦的时候，我都会一次次拨通易虹的电话，和她诉诉苦，发发牢骚，唠叨几句和别人不敢说的"气话"，分享一些很隐秘的情绪、情感。

对她，我不怕坦露自己的软弱，也不怕她会误解我，这样的聊天，在那些特殊时期，对我来说，就是"话疗"，非常有治愈作用。和她一通长聊之后，我就会感觉自己"又是一条好汉"。

女性友谊小贴士

女性友情很珍贵，但是，女性之间又很难保持真正的长时间的友情，所谓的“塑料姐妹花”，是对女性间虚假情谊的讽刺。

要想拥有一段高质量的女性友情，做什么和不做什么同样重要，如果缺乏重视和思考，很多人糊里糊涂地就把一段美好的关系弄砸了。

经营和女朋友的友情时，应该做什么？

● 第一，要学会参考男性友情的特点，多交流思想，少谈论八卦

友情的深度是看两个人是否触及双方的灵魂，而不是在八卦信息和家长里短中寻找共鸣。

● 第二，要善于倾听，而不是一味地把对方当垃圾桶

有些女性倾诉欲过强，和女朋友一见面就噼里啪啦倒苦水，把自己的遭遇事无巨细地倾倒出来，却没有给对方的分享留余地，似乎也不准备倾听对方的烦恼，久而久之，对方就会回避这种不平等的会面。

● 第三，要主动联系、主动邀请，不要总是被动地等待

相当多的女性友谊中，总有一方要充当主动者，如果两个人都摆出一副“被追求者”的姿态，都等着对方来联系、邀请，这段友情根本无法持续。

不要害怕对方拒绝，一次半次没有约上，是很正常的事，下次再约就是了，不要那么“玻璃心”，要豁达地看待友情。

和女朋友交往时，千万不能做什么？

● 第一，千万不要泄露女朋友的隐私，也不要背后议论女朋友

很多女性友情毁在嘴巴不严或者背后说“坏话”，这一点很让男性看不起，也是外界轻看女性友情的原因。

艾玛和朱莉的友情在一次家庭聚餐后“翻车”。

两个人是大学同学，相处得一直很融洽，艾玛事业优秀，但不擅长做家务，朱莉是持家好手，但事业发展一般。两个人互有长短，经常向对方取经。

那天的聚餐是两家六口人参加，吃饭过程中，朱莉的儿子小强冷不丁地问艾玛："阿姨，你就不能学学做饭吗？你不会做饭，悦悦妹妹好可怜。"悦悦是艾玛的女儿。

艾玛知道小强一定是听了朱莉背后议论自己，才会童言无忌说出这样的话，虽然心里不爽，但还是和颜悦色地说："是啊，阿姨这方面很笨，不像你妈妈那么能干。"

没想到，朱莉的老公插话了，他对艾玛的老公说："要我说啊，女人搞不搞事业没那么要紧，关键还是要把老公孩子伺候好，兄弟你不能那么好脾气啊，该说就得说啊！"

艾玛老公的脸色一下子不好看了，他为妻子辩护："我当年看上她，就不是想让她将来伺候我，她只不过是工作太忙了，我媳妇那么聪明，如果有一天闲下来，她做饭不会比任何人差吧！"

现场的气氛变得冰冷，聚餐草草结束。

朱莉回家后也许会怪罪老公儿子说话不得体，其实，她应该怪自己不该背后评判好朋友吧！

● **第二，千万不要和女朋友轻易发生金钱关系**

互相借钱、一起投资、合伙做生意，都是在金钱上发生了关系，在友谊中掺杂了这种关系，需要有超高的情商才能平衡好，所以，做之前一定要三思，没有金刚钻别揽瓷器活，能不做则不做。

有的女性借了女朋友的钱之后，还钱时拖拖拉拉，或者，借钱后不改高消费的习惯，都会让对方感觉不被尊重，甚至被利用，长此以往，友谊的小船还不是说翻就翻？

我在北京听房产中介讲过一个故事，有两位好闺密合伙投资了一套房子，买的时候房子值600万，几年后房子价格翻倍，其中一位想把房子卖了变现，去做别的投资，另一位不想卖，因为北京房地产对外地人限购，她不是北京户口，卖了这套就没指标再买。两个人谁也不能说服对方，竟然最后闹上法庭，彻底翻脸。

● **第三，千万不要随便在大事上给女朋友提建议**

女友之间，许多小事可以互相参谋，比如，给婆家过年买什么礼物，哪个牌子的衣服款式不错，做红烧鱼如何配佐料，这些事情无关紧要，建议提错了也无妨，但是，在大事情上，一定不要随便给对方提建议。

什么是大事？要不要买房、卖房，要不要离婚，要不要和公婆分家，要不要辞职，等等，在这些大事上，你以为只是提个建议，听不听在对方，问题是对方如果听了你的建议，事后又后悔了，就很容易迁怒怪罪你。

如果女朋友问你："我要不要离婚？"你千万不要回答："当然要离，你老公多次出轨，要是我早离了！"而应该这样回应："离不离婚是你的决定，我永远站在你这边，任何时候你需要我，我都在。"

女人要有女朋友，正像赵婕在她的书中所说："年轻时，女友是生命中的华服；随着阅历加深，女友间的互相凝视，就像人生有了穿衣镜。在镜前，人生可以通过了解、修正、欣赏而自信。"

爱情有可能是一段又一段，女人之间的友谊却可以伴随终身，高质量的女性友情简直是女人的另一份婚姻，所以，它值得我们花时间去经营，花精力去培养，当你觉得男人靠不住时，至少身边还站着和你心灵相通的女朋友。

寻找你的
女性榜样

虽然 50+ 女性早已过了懵懵懂懂的青春期，但是，作为刚刚进入人生下半场的“菜鸟”新手，仍然需要借助榜样来整合自我，发展自我。

之前的章节里，我说 50 岁是第二个 25 岁，但毕竟是第一个 50 岁，很多人会在进入 50 岁之后感到迷茫：繁忙的工作快要结束，儿女已经长大成人，接下来的人生该怎么度过？她们不希望像上一辈那样晚年单调，但是，对真正想要的生活图景也并不清晰。

其实，类似的困惑会出现在每个新的十年开始的时候。

刚刚30岁、40岁时，我们对于“而立”之后和“不惑”之后该如何生活，也曾一头雾水；未来，我们还会在60岁、70岁的转折节点再次出现迷茫和思考。如今，对于已经到来的50岁，我们需要尽快找到生活的方向和目标。

对于“我是谁？我从哪里来？要到哪里去？”的疑问和思考，是贯穿整个人生的，并不是青春期一过，答案就彻底清晰了。随着生命的成熟，曾经笃定的答案也会经历不断的验证或者否定，每一次的重新思索，都是为了更接近自己的理想人生、理想自我。

我快到40岁的时候，对之前的人生有过很大的否定，我曾经很骄傲自己是个好女儿、好妻子、好母亲，甚至还是一个好老板，但是，在40岁这个转折点，我犹豫了，我觉得为了成功“扮演”这些人生角色，我把自己搞丢了。如果我接下来的人生只是接着做好女儿、好妻子、好母亲，我自己不就白活了吗？一段时期的沮丧和失落之后，心里生出一种勇气，想要为自己重活一回，于是，我做了很多改变，包括减肥，包括关掉经营了十几年的公司，包括重回校园学习深造。

促成我改变的因素有很多，其中就包括我的好朋友白姐的榜样示范作用。

白姐长我 10 岁，当年已是半百之人，但是，她和我一样的身高，体重比我轻 50 多斤，看起来比我更年轻更有活力，不仅体态健美，心态更是阳光积极。

她有非常好的健身习惯，饮食习惯，很会爱自己，也得到很多人的喜爱，不仅和丈夫感情甚笃，而且，朋友众多，和她打过交道的人，都忍不住被她吸引。

我问过她保持身材的秘诀，她告诉我，她从年轻时体重一直是 96 斤，几乎天天称体重，只要超重 3 斤，立即采取措施，轻食加跑步，让体重很快恢复正常。

当年的我，除了体检，没有称体重的习惯，吃喝不忌口，还不爱运动。和她一比，我不胖谁胖？

我也和她探讨过如何处理照顾自己和照顾他人的矛盾，她用行动告诉我："先学会爱自己，你不会爱自己，别人就更不会爱你了。"

我心里默默地把她当成了我的榜样，她的 50 岁，看起来那么光鲜有活力，和自己关系好，和别人关系也好，如果我 10 年后能像她一样，我会更喜欢自己。

后来，我减肥成功了，从 150 斤减到 100 斤，而且，从内到外有了改变，不再纠结该不该对自己更好，也不再习惯性讨好别人。这样做，并没有失去我所在意的亲密关系，和他们的关系反而更自然也更舒服了。

在进入 50 岁之后的这几年，我被很多小我 10 岁的女性询问减肥的秘诀、年轻的秘诀，像我当年对白姐的羡慕、好奇一样。

我没有当面感谢过白姐，但我对很多惊诧于我巨大改变的人说过，我有一个榜样，这个榜样对我起了很重要的作用。

从某种程度上说，我用很多年的努力，做到了“既畅快地做自己，又能被周围人喜欢”，这正是当年白姐拥有而我渴望拥有的。

有榜样才能“有样学样”

榜样对一个人的影响是巨大的。

每一名社会参与者都会自觉或不自觉地参照一个榜样，通过学习榜样来整合精神能量，树立前进目标，从而更符合内心对自我的期待。

榜样教育在人的社会化过程中起着不可替代的作用，美国著名心理学家阿尔伯特·班杜拉的社会学习理论对此做了充分的论证。班杜拉认为，从动作的模拟到语言的掌握，从态度的习得到人格的形成，均可以通过对榜样的观察和模仿加以完成。

人们在社会化和继续社会化的过程中，常常需要找一个真实存在的人物来参照仿效，心理学家艾里克森提出了“心理社会合理延缓期现象”，说明人们在自我意识出现混乱和矛盾时，需要花时间去梳理、整合，年轻人喜欢追星或崇拜偶像就是这个道理。虽然 50+ 女性早已过了懵懵懂懂的青春期，但是，作为刚刚进入人生下半场的“菜鸟”新手，仍然需要借助榜样来整合自我，发展自我。

所以，50+ 女人应该主动为自己寻找女性榜样，她们最好比你年长或者年龄相仿，有你喜欢的内在品质，有你羡慕的人生状态，让你渴望在某方面成为她们。

你可能不确定今后的人生怎么过，什么样的生活是自己真正想要的，但是，只要你找到那个你想成为的人，你就会对自己的内在渴望和未来愿景有相对清晰的洞察。

榜样可以是身边的人，认识的人，也可以是名人、明星，她们的身份不重要，重要的是她们身上有你暂时没有又渴望拥有的特征。

当年我把白姐当榜样，就是因为她有我想要的窈窕身材和生命热情，她的洒脱、通透、练达也是我渴望拥有的。

正因为我为自己树立了一个学习样板，我才能在周围众多人不理解我为啥人到中年还减肥时，可以心无旁骛地坚持健康饮食和日行万步；我才能在每一次忍不住想要讨好别人的时候，因为有了觉察而及时“刹车”。没有这个榜样，我会因前途不明而动力不足，也会因目标不清而能量散乱。

所以，不要老气横秋地说什么年轻人才追星，小孩子才需要榜样，更不要目空一切地说“我谁也不想学，我自己就挺好”，尽管我们年过半百，但是，找到羡慕、喜欢甚至崇拜的女性榜样，能够帮助我们矫正自己、调整方向，也能够让我们对未来更有目标，更有盼望。

榜样是理想的自己

我曾问过我先生最羡慕谁的人生，他说羡慕歌手李健，也羡慕画家黄永玉，虽然你不认识我先生，但你知道他心中的榜样是谁之后，是不是对他这个人就多了一点了解？

对别人尚且如此，对自己更是这样，当我们能够清晰准确地说出谁是自己羡慕的人，想成为的人，谁是自己的榜样，对自己的了解就加深了一步。

现在我最羡慕的两个女性，一个是米歇尔·奥巴马，另一个是巩俐，她们两个人身上，都有我特别渴望拥有的东西。

米歇尔毕业于哈佛大学法学院，曾经是一名成功的律师，嫁给奥巴马之后，对丈夫的事业鼎力相助，奥巴马成为美国历史上第一位非洲裔总统，米歇尔也成为有超高声望的第一夫人。

米歇尔最打动我的地方，不仅是她有着坚定的信仰，顽强的生命力，还有她在婚姻中不卑不亢的优雅态度，既能辅佐丈夫的事业，又会展现自己的才能，还能把两个女儿养育得非常好，在协调国家大事和家庭“小事”上，显示出超高的智慧和平衡能力。

虽然她的丈夫曾经是世界上最有权势的人之一，但她并没有被丈夫的光环遮住，她靠自己的学识、见识、胆识，成为一个独立、耀眼的存在。

米歇尔身上的坚定和自律是我渴望拥有的，她在公众面前演讲时散发出的魅力也令我着迷，她平衡家庭和事业的能力格外吸引我，她的衣品也是我想学习的。

巩俐是我想学习的另一个榜样，她的表演才能有目共睹，身材、颜值一直在线，不仅大大方方活出了自己，而且，气场大到让外界都对她的私生活“闭嘴”。

巩俐这几年被喜欢她的人称为“巩皇”，她甚少露面，却一直保有很高的声望，她主演过《红高粱》《秋菊打官司》《活着》《霸王别姬》《艺伎回忆录》《归来》等一系列享誉国际的影片，还担任过戛纳电影节评委、柏林电影节评委会主席、威尼斯电影节评委会主席。

巩俐不符合女性传统的贤妻良母、相夫教子的形象，她谈过轰轰烈烈的恋爱，离过婚，没有孩子，2019 年嫁给大她 17 岁的法国艺术家，她看起来率性而为，不讨好别人，却又很少被外界批评，而且，在她冷傲的外表下仍然能让人感觉到十足的真诚。

有人这样评价她：“她可以在电影里激情四射，在银幕外又异常低调，她进退自如，任凭大浪淘沙，仍旧游刃有余，举重若轻，岿然不动。”

我特喜欢巩俐身上那股子“不解释”的高冷范儿，她的作品和能力，以及每一次亮相都光彩照人的状态，又显示出她有“不解释”的资格。这些都是我渴望拥有的。

我当然知道，我这辈子都不会成为米歇尔或者巩俐，但这有什么关系，我把她们当榜样，不是要成为她们，而是要成为更好的自己。

每当我们开始思索自我的意义时，就需要一个活生生的形象来作为自我的代表，年轻人追星，也是在寻找理想的自我，被崇拜的明星偶像，某种程度上代表着年轻人心目中的未来。不再年轻的 50+ 女性，当然也有权利畅想未来，为了和未来那个更符合自我期待的自己相遇，今天，我们需要有一个榜样。

有了榜样，每天的日子才不会浑浑噩噩。是榜样的力量，让我坚持健身、轻食，坚持读书、写作，花时间在自己的培训师专业上继续努力；是榜样的力量，让我饶有兴趣地看时尚、美妆类的杂志、书籍，学习护肤、化妆，在不断试错中，摸索出自己的穿衣风格。

我希望像我的榜样一样，拥有生动到让人难忘的外表，也拥有足以支撑起自己野心的才华和能力，我愿意在她们的影响下，在下半场活出更加精彩的自己。

亲爱的你，谁是你的榜样呢？她身上的什么特质吸引了你？你愿意为了拥有这个特质而做出怎样的努力？如果，暂时还没有，请在合上书之后，认真想一想，一定要把她找出来。

相信我，你需要一个女性榜样，那个让你羡慕甚至崇拜的她，会对你今后的人生发挥非常重要的作用。而我最想说的是——一个好榜样，可以让我们成为更好的自己。

读书时间

成为什么，你自己决定

——读米歇尔·奥巴马的《成为》

《成为》是一本让我读起来特别过瘾的书，作者米歇尔·奥巴马是美国前第一夫人。读这本书的时候，我有两个感叹，第一是感叹米歇尔的文笔之好，第二是感叹米歇尔惊人的记忆力。在这本书中，她不仅将过往经历的动人细节描述得栩栩如生，而且在阐述观点时下笔精准老到，文风优雅诙谐，态度开放坦诚，让阅读的过程成为一次难得的享受。

全书分三部分：第一部分“成为我”，写她个人的成长经历，从童年到大学，以及成为律师；第二部分“成为我们”，是关于她和奥巴马结婚之后的故事，描述了他们婚姻生活的很多细节，以及她在奥巴马当选美国总统之前为家庭和事业的平衡而做的很多努力；第三部分“成为更多”，是关于她和丈夫入主白宫之后的故事。

米歇尔出生和成长在芝加哥南城落后贫穷的黑人区，她和她的家人与所有的非洲裔美国人一样，曾经饱受歧视，但是，她在 45 岁到 53 岁的 8 年里，作为美利坚合众国第一位非洲裔第一夫人，协助总统班底创建了历史上包容度最高的美国政府，同时也确立了自己在世界范围内倡导女权的崇高地位——米歇尔 · 奥巴马成为当代最具标志性和吸引力的女性之一。

套用现在的流行用语，这本《成为》讲述的是一个黑人女孩的成功“逆袭”。读完这本“逆袭史”，我有很多思考，我觉得，她之所以成为后来的她、现在的她，是时代发展的促成，更是她自己所做的一系列选择和决定的结果。

很多年前，我参加了一个心灵成长课程，导师的一句话让我记忆犹新，他说：“人生无所谓成功和失败，只有选择和结果。”当时我正陷在对自己强烈否定和怀疑的人生灰暗期，对未来十分迷茫，导师的话和那个课程的许多内容，对我产生了非常大的影响。

在课堂上，导师在一段课程之后让我们分享感受，我发言时说：“我对自己目前的人生状态很不满意，所以我一直试图改变。”导师从讲台上走了下来，伸出手，手掌上有一支马克笔，他对我说：“来，你做一个试图拿的动作。”我犹豫了一下，上前拿了马克笔，导师说：“你这是拿，不是试图拿。”我把笔还给他，他接着要求我“试图拿”，我不知道该怎么做，于是站着不动。导师说：“你这是不拿，也不是试图拿。”我当时愣在那里，有种醍醐灌顶的感觉。

没有所谓的“试图改变”，只有“改变”或者“不改变”。我学到了对我之后人生有决定作用的一课，我明白了我的困境是我之前所做选择的必然结果，如果我想在未来有所改变，必须现在做出不一样的选择。

米歇尔之所以成为米歇尔，也是她在几十年成长过程中一次次选择和决定的结果。

她曾就读于普林斯顿大学以及哈佛大学法学院，早期供职于芝加哥盛德国际律师事务所，后来先后任职于芝加哥市长办公室、芝加哥大学、芝加哥大学医学中心，并创建了“公众联盟”芝加哥分会，旨在培养年轻人的公共服务精神。她即使没有成为第一夫人，也会有不同凡响的耀眼成就，也会成为独立、自信、充满魅力的女人。

米歇尔在书中详细描述了她在一个又一个重要的选择时刻，是如何做出正确的决定的。

一、读小学时，逃离地下室的“差班”

小学二年级时，米歇尔意识到自己所在的班变得混乱不堪，老师对学生评价极低，放任自流，认为这是一班“坏孩子”，以至于被发配到学校地下室阴冷昏暗的教室里上课。

米歇尔小小年纪却不肯接受这样的安排，她觉得这个老师不称职，觉得自己被贬低。她回家和母亲交流，在母亲的帮助下，米歇尔和几个表现好的孩子经过插班考试跳级进了楼上的三年级，那里光线充足、秩序井然，老师课讲得很好。

米歇尔在自传里说，正是这件小事改变了她的人生。

二、读高中时，早起15分钟换来每次考试全A

米歇尔的学校离她家有一个半小时的公交车车程。聪明的米歇尔每天早起15分钟，先反方向坐到起点站，去学校的一个半小时的车程里她可以坐在车上读书学习。高中阶段，她几乎每次考试都是A，最后以前百分之十的排名毕业。

三、申请大学时，坚持报考普林斯顿

高中毕业时，学校指派的大学申请顾问只是简单浏览了她的材料，就居高临下且敷衍地对她说："我不确定你是上普林斯顿大学的料。"一般的学生或许会接纳顾问的建议，但米歇尔认为顾问的判断很轻率，自己不能因此放弃目标。她找到真正了解自己的副校长史密斯为她写了一封推荐信，而她在申请材料里将自己的优秀尽可能都写了进去。申请的结果是：六七个月后，一封信出现在家门前的邮箱里，那是普林斯顿大学的录取通知书。

四、决定嫁给奥巴马

奥巴马具有复杂的身份，他是白人和黑人、美国人和非洲人的混血儿，本科毕业于哥伦比亚大学，工作几年后考取法学院，28岁时去做米歇尔的助理。

米歇尔最开始特别不喜欢奥巴马抽烟的"坏"习惯，但是，在看到了奥巴马身上具有的谦逊简朴、幽默轻松、积极乐观等诸多美好的品格之后，对他产生了好感，尤其是奥巴马不惜把所有的钱都用在买书上，让米歇尔确信奥巴马注定会是一个与众不同的人。于是，她决定和奥巴马结成夫妻。

五、每天早晨五点起床，平衡家庭和工作

米歇尔和奥巴马结婚后，两个女儿相继出世，奥巴马任州议员时，忙碌到好几天才能回一趟家，所有的家务都压在米歇尔的肩上。作为一名职业女性，为了更好地照顾女儿，她谢绝一切晚上的活动或者社交，陪孩子早早休息，每天早晨 5 点钟起床，健身、工作，勤奋又聪明地维系着家庭和工作的正常运转。

六、虽然不喜欢政治，仍坚定地支持丈夫的选择

米歇尔不喜欢政治，曾经希望奥巴马能找一份大学教授的工作，但是，奥巴马对于改变社会的热情，让他更乐意投身政治，参加选举。米歇尔尊重并理解丈夫的远大抱负，不仅在竞选时为辅佐他而四处奔走，在奥巴马当选总统后，也尽心尽力成为他最信赖、最坚定的助手和支持者。

米歇尔出生于 1964 年，也是一位 50+ 女性，她的坚韧不拔和目标清晰令人印象深刻，在随奥巴马入主白宫后，她说：“我清楚地知道，现在的我必须比过去更加坚强，要行动更快、做得更好。我的恩泽不是天生的，而是我靠着勤奋打拼才获得的。”

她的另一段话也特别打动我，她说：“有时候，我感觉自己像是湖面上的一只天鹅，非常清楚自己工作的一部分就是要高贵优雅地向前滑行，但同时，在水下，我的两只脚永远不能停止划动。”

我想，每一个不想辜负自己生命的女性都面临过很多次坚持还是放弃的挣扎，向上攀登是艰难的，向下滑坡又是不甘心的，而且，我们既要努力为自己的人生目标而奋斗，又要保持女人的优雅和风度。这其中的艰难，只有女性之间可以互相理解，男人们以为水到渠成的事，我们女人往往要通过不懈的努力才能实现。

米歇尔最吸引我的是她完全为自己负责的人生态度，在任何境遇下，她都不把主权交给别人，无论是当年作为一个被白人歧视的非洲裔小女孩，还是后来与美国最有权势的男人生活，她一直把人生的选择权和决定权牢牢地把握在自己手里。她有一个强大而坚定的信念，那就是，成为什么人，必须由自己决定。

在书的后记里，米歇尔写下了这段话——

> “成为”并不意味着一定要到达某个位置或者达到某一特定目标；相反，我认为“成为”应该是一种前进的状态，一种进化的方式，一种不断朝着更完美的自我奋斗的途径，这条道路没有终点。我成为一位母亲，但是在为孩子们付出的同时，我一样可以从她们身上学习到很多；我成为一名妻子，但是，对于如何去爱一个人，对于与另一个人携手生活，我仍在适应，有时也会遭遇挫折。从一些标准来衡量，我已经成为一名拥有权力的女性，但仍然有很多时候，我感觉没有安全感，感觉自己被忽视。“成为”是一个漫长的过程，需要一步一步慢慢实现。“成为”既需要耐心，也需要艰苦付出，二者同等重要。“成为”是永不放弃要继续成长的想法。

我特别喜欢最后这句：“成为”是永不放弃要继续成长的想法。这本书的英文书名是*Becoming*。Becoming 是动词 Become（改变、变成、成为）的现在分词，用现在进行时态的 Becoming 做书名，最准确地体现出米歇尔想要传达的核心思想——“成为”永远是正在进行的，而不是过去的、已经完成的。

一切都还来得及，只要你仍然想把人生的选择权、自主权掌握在自己手里，你就会不断地成长，离你想成为的样子一天比一天近。这是我对 50+ 女性的祝福，也是我对自己的勉励。

后记

Afterword

我从 2020 年 1 月中旬开始写这本书，一周之后，武汉封城，中国因一种由新型冠状病毒引发的肺炎爆发而进入紧急状态。

在“风声”最紧的 2 月、3 月期间，我几乎不出门，整天宅在家，其间，因为儿子从国外回来，我们全家在北京还被居家隔离了 14 天。说实话，那段时间，我不仅无法安心写稿，甚至连书都看不进去，每天不由自主地用手机刷新闻，为了缓解焦虑和不安，网购了大量生活物资，包括很久都不吃的方便面、饼干、罐头，等等。

那段时间，我不关心“诗和远方”，只在乎家里的口罩和大白菜。

疫情平稳之后，我才开始有规律地写稿，静下心来时，常常思考一个问题，什么是人生的“必需品”，什么是人生的“奢侈品”。

我觉得人生“必需品”就是三个健康：

第一，身体健康。

疫情让几乎所有人都意识到健康的身体有多么重要，良好的免疫力是抵御病毒最坚固的屏障，身体出了问题，所有的人生计划都必须无条件搁置。

第二，财务健康。

中国经济高速而稳定地发展了这么多年，大家对于财务风险的防范意识很淡漠，年轻人更是习惯了借贷消费，甚至中老年人也对家庭的经济状况过于乐观。这次疫情对中国经济乃至世界经济猝不及防的打击，让我们再次意识到，没有健康的财务，人生危机重重。

第三，关系健康。

据新闻媒体报道，疫情平稳后，民政局办理离婚的数量出现暴增。有些夫妻是早就想离，因为疫情而被迫拖延了；还有的夫妻是因为在疫情期间长时间相处，之前的小矛盾变成了大冲突，对于原本凑合着还能过的婚姻，变得忍无可忍了。

可见，如果我们和伴侣、和家人关系不健康，即使有健康的身体和健康的财务，也很难感觉到幸福。

身体健康、财务健康和关系健康，不仅在特殊时期格外重要，在平常时期也应该是我们的人生“必需品”。

现在，疫情在中国已经得到非常好的控制，各行各业复工复产，电影院都开放了，我们慢慢地重新体验到岁月静好，对于“诗和远方”的想象又开始复苏了。

也许，除了人生“必需品”外，我们还要知道什么是人生“奢侈品”。

2018年《华盛顿邮报》评选出“十大人生奢侈品”，评选结果一经公布，就在中国的微信“朋友圈”刷屏了。

疯狂转发的大多是中年以上的人，也许，正是因为看过人间繁华，才能体味什么是人生值得追求的东西。

我们看看这十大“奢侈品”到底是什么：

1. 生命的觉醒和开悟（Consciousness of life）；

2. 一颗自由、喜悦与充满爱的心（A heart of freedom, joy, and love）；

3. 走遍天下的气魄（The spirit that travels all over the world）；

4. 回归自然，有与大自然联结的能力（Back to nature: ability of connection with nature）；

5. 安稳而平和的睡眠（Smooth and steady sleeping）；

6. 享受真正属于自己的空间和时间（Enjoy your own space and time）；

7. 彼此深爱的灵魂伴侣（A beloved soul mate）；

8. 任何时候都有真正懂你的人（There's always someone who really understands you）；

9. 身体健康，内心富有（Healthy body and rich heart）；

10. 感染他人并点燃他们的希望（Infect others and awaken their hope）；

这十个“奢侈品”完全不符合人们对奢侈品约定俗成的定义，不是什么名车名表名牌包包，或者昂贵的珠宝首饰，但是，正因为这些“奢侈品”是无法用钱买到的，所以，才更加珍贵。

这“十大人生奢侈品”是很多人渴望拥有却没有得到的，但我们大可不必因此而灰心。首先，既然是“奢侈品”，就不是人人必须要拥有的；其次，我们要把拥有这些珍贵的东西当作努力的方向，而不要因为暂时没有而焦虑。

作为 50+ 女性，走到人生这个阶段，又经历了如此大的疫情考验，我们可以给自己确定一个恰如其分的目标，先拥有“必需品”，再追求“奢侈品”，既要活得脚踏实地，又要对美好的未来有所期待。

我对于“十大人生奢侈品”的第一个“生命的觉醒和开悟”格外向往，同时，对于和我怀有同样渴望的女性朋友有一种“同路人”的亲切，这样的女人，不管她穿华服还是着布衣，不论她住豪宅还是居陋室，她都会因为勇于探索自己、积极思考生命而眼神明亮、熠熠生辉。

这些女性的伟大就在于，她们不仅有俗世的智慧去操持柴米油盐，平衡各种人际关系，还对灵性的追求充满天然的好奇。我更喜欢和这样的女性聊天，就是因为——

她们和你交心，而不是和你谈事；

她们和你谈感觉，而不是和你讲道理；

她们渴望活得明白，而不是活得成功。

我猜想，读这本《五十芳龄，精彩由我》的女性，一定就是这样的人，和我一样，对“生命的觉醒和开悟”充满渴望，虽然拥有一些世俗的身份，但更在意内在的自己到底是谁，所以，想在后半生去探索一件事，那就是，抛却这些因别人而获得的身份，我们能够成为怎样的女人、怎样的人。

也许我们出发地不同，也许我们选择的道路也不尽相同，但是，我相信，只要我们拥有相同的目标，渴望在半百之后洞悉人生真谛，获得觉醒开悟，我们就一定会在某个时刻、某个地点相遇。到时候，你我不必自报家门，只靠眼神就能认出彼此。

你相信吗？

2020 年 7 月 20 日

图书在版编目（CIP）数据

五十芳龄，精彩由我 / 徐徐著. -- 桂林：漓江出版社，2021.5（2024.8重印）

ISBN 978-7-5407-8943-5

Ⅰ. ①五… Ⅱ. ①徐… Ⅲ. ①女性 - 成功心理 - 通俗读物 Ⅳ. ①B848.4-49

中国版本图书馆CIP数据核字（2020）第219460号

五十芳龄，精彩由我

Wushi Fangling, Jingcai You Wo

徐徐 著

出 版 人：刘迪才
策划编辑：符红霞　　特邀策划：易虹工作室
责任编辑：赵卫平　　封面设计：孙阳阳
内文制作：王道琴　　责任监印：黄菲菲

出版发行：漓江出版社有限公司
社　　址：广西桂林市南环路22号　　邮　　编：541002
发行电话：010-85893190　　0773-2583322
传　　真：010-85891290　　0773-2582200
邮购热线：0773-2582200
电子信箱：ljcbs@163.com　　微信公众号：lijiangpress
网　　址：http://www.lijiangbooks.com

印　　制：天津画中画印刷有限公司
开　　本：880 mm × 1230 mm 1/32
印　　张：11
字　　数：170千字
版　　次：2021年5月第1版
印　　次：2024年8月第2次印刷
书　　号：ISBN 978-7-5407-8943-5
定　　价：58.00元

徐徐老师温暖自助书

《我减掉了五十斤！——心理咨询师亲身实践的心理减肥法》

徐徐/著

让灵魂丰满，让身体轻盈，

一本重塑自我的成长之书。

《管孩子不如懂孩子——心理咨询师的育儿笔记》

徐徐/著

资深亲子课程导师20年成功育儿经验，

做对五件事，轻松带出优质娃。

《嫁人不能靠运气——好女孩的24堂恋爱成长课》

徐徐/著

选对人，好好谈，懂自己，懂男人。

收获真爱是有方法的，

心理导师教你嫁给对的人。

《五十芳龄，精彩由我》

徐徐/著

重新定义“更年期”，它其实是在提醒所有女人：

积极调整身心状态，做好准备，

去活出更精彩更有魅力的人生下半场吧。

悦 读 阅 美 · 生 活 更 美